建设新农村农产品标准化生产丛书

獭兔标准化生产技术

主　编

谷子林

副主编

陈宝江　黄玉亭

景　翠　刘亚娟

编著者

（按姓氏笔画排列）

马学会　王　磊　王志恒　孙利娜
刘亚娟　张国磊　谷子林　陈宝江
陈赛娟　李素敏　范京惠　赵　杰
赵　超　赵兰英　赵驻军　郭洪生
郭万华　黄玉亭　景　翠　葛　剑
　　　　董　兵　霍妍明

金盾出版社

内 容 提 要

獭兔标准化体系的建立和实施,是獭兔产品质量和生产效益的技术保证,是獭兔养殖产业化的必然要求。本书对獭兔标准化生产进行了较全面的探讨,内容包括:标准化概念和獭兔标准化生产的意义,獭兔养殖品种与选育标准化,养殖环境控制标准化,繁殖技术标准化,饲料生产标准化,饲养管理标准化,疾病防治标准化,产品质量标准化。全书内容翔实,技术先进实用,语言通俗易懂,可供广大獭兔养殖场(户),獭兔养殖技术人员和管理人员学习使用,亦可供农业院校师生阅读参考。

图书在版编目(CIP)数据

獭兔标准化生产技术/谷子林主编.—北京:金盾出版社,2008.12
(建设新农村农产品标准化生产丛书)
ISBN 978-7-5082-5401-2

Ⅰ.獭… Ⅱ.谷… Ⅲ.兔—饲养管理—标准化 Ⅳ.S829.1

中国版本图书馆 CIP 数据核字(2008)第 146902 号

金盾出版社出版、总发行
北京太平路 5 号(地铁万寿路站往南)
邮政编码:100036 电话:68214039 83219215
传真:68276683 网址:www.jdcbs.cn
封面印刷:北京印刷一厂
正文印刷:北京华正印刷有限公司
装订:北京华正印刷有限公司
各地新华书店经销
开本:787×1092 1/32 印张:7.5 字数:160 千字
2012 年 7 月第 1 版第 4 次印刷
印数:20 001~25 000 册 定价:13.00 元
(凡购买金盾出版社的图书,如有缺页、
倒页、脱页者,本社发行部负责调换)

序　言

随着改革开放的不断深入,我国的农业生产和农村经济得到了迅速发展。农产品的不断丰富,不仅保障了人民生活水平持续提高对农产品的需求,也为农产品的出口创汇创造了条件。然而,在我国农业生产的发展进程中,亦未能避开一些发达国家曾经走过的弯路,即在农产品数量持续增长的同时,农产品的质量和安全相对被忽略,使之成为制约农业生产持续发展的突出问题。因此,必须建立农产品标准化体系,并通过示范加以推广。

农产品标准化体系的建立、示范、推广和实施,是农业结构战略性调整的一项基础工作。实施农产品标准化生产,是农产品质量与安全的技术保证,是节约农业资源、减少农业面源污染的有效途径,是品牌农业和农业产业化发展的必然要求,也是农产品国际贸易和农业国际技术合作的基础,因此,也是我国农业可持续发展和农民增产增收的必由之路。

为了配合农产品标准化体系的建立和推广,促进社会主义新农村建设的健康发展,金盾出版社邀请农业生产和农业科技战线上的众多专家、学者,组织编写出版了《建设新农村农产品标准化生产丛书》。"丛书"技术涵盖面广,涉及粮、棉、油、肉、奶、蛋、果品、蔬菜、食用菌等农产品的标准化生产技术;内容表述深入浅出,语言通俗易懂,以便于广大农民也能阅读和使用;在编排上把农产品标准化生产与社会主义新农村建设巧妙地结合起来,以利于农产品标准化生产技术在广大农村和广大农民群众中生根、开花、结果。

我相信该套"丛书"的出版发行,必将对农产品标准化生产技术的推广和社会主义新农村建设的健康发展发挥积极的指导作用。

王连铮

2006 年 9 月 25 日

注:王连铮教授是我国著名农业专家,曾任农业部常务副部长、中国农业科学院院长、中国科学技术协会副主席、中国农学会副会长、中国作物学会理事长等职。

前　言

我国獭兔养殖业经过几次起伏波动之后不断走向成熟和发展壮大,成为畜牧行业中一枝绚丽的奇葩。养兔数量由少到多,养殖规模由小到大,由单纯的养殖和简单的加工,现在已形成集养殖、皮肉加工和销售为一体的产业化经营格局。獭兔养殖不仅成为一些欠发达地区农民脱贫致富的优选项目,一些发达地区(如浙江、江苏等省)的獭兔养殖无论是规模,还是质量和效益,均居上乘位。同时,一些下岗职工、转产企业主和一些跨行业经营的集团老板加入了獭兔行业,为兔业的发展增添了新的生机。近年一改原皮出口的被动局面,不同性质和规模的兔皮加工厂应运而生,大批款式新颖的獭兔皮服装服饰和其他制品打入国际市场,为国家的经济建设贡献了力量。目前,我国已经真正成为獭兔养殖、品种繁育、兔皮加工和产品销售的世界第一大国。

但是,我们应该清醒地看到,目前我国獭兔养殖的基础工作还很薄弱,尤其是在品种的繁育、饲养管理、饲料生产、疾病防治和产品质量控制等方面存在着一定的盲目性,很多地方缺乏科学性和规范性。极大地影响獭兔产品的质量和养殖效益。因此,以科技为先导,实现獭兔生产的规范化和标准化是我们今后的重要任务。

为指导广大獭兔养殖者实现规范化管理和标准化生产,受金盾出版社的委托,我们编写了《獭兔标准化生产技术》一书。内容包括标准化的概念的意义、品种标准化、环境控制标准化、繁殖技术标准化、饲料生产标准化、饲养管理标准化、疾病防治标准化和产品质量标准化等八个部分。既包含编著者近30年来从事家兔教学、科研和生产的成就,也有近年我们承担国家公益性行业科研专项(项目编号:nyhyzx07-040)的最新进展,同时总结和吸收了国内外獭兔生产和科研的成功经验和成果。

限于编著者的水平,加之时间仓促,书中遗漏和错误难免,恳请读者批评指正。

谷子林
2008年初夏于保定

目 录

第一章 标准化的概念和獭兔标准化生产的意义……… (1)
一、标准化的概念和作用 ……………………………… (1)
　(一)标准及标准化…………………………………… (1)
　(二)标准化的基本原理……………………………… (2)
　(三)标准化的主要作用……………………………… (3)
二、獭兔标准化生产的概念和意义 …………………… (4)
　(一)獭兔标准化生产的概念………………………… (4)
　(二)獭兔标准化生产的意义………………………… (5)

第二章 獭兔养殖品种与选育标准化………………… (7)
一、獭兔的主要养殖品种 ……………………………… (7)
　(一)美系獭兔………………………………………… (7)
　(二)德系獭兔………………………………………… (8)
　(三)法系獭兔………………………………………… (9)
　(四)四川白獭兔……………………………………… (11)
　(五)吉戎兔…………………………………………… (12)
　(六)金星獭兔………………………………………… (13)
二、獭兔品种的鉴定和评价方法 ……………………… (14)
　(一)系谱鉴定………………………………………… (15)
　(二)个体鉴定………………………………………… (16)
　(三)后裔鉴定………………………………………… (18)
三、獭兔的选种程序和选种标准……………………… (19)
四、獭兔良种的利用 …………………………………… (21)
　(一)纯种繁育………………………………………… (22)

(二)系间杂交 …………………………………… (22)
　　(三)新品种(系)培育 …………………………… (24)
第三章　獭兔养殖环境控制标准化 ……………………… (25)
　一、养殖环境对獭兔的影响及环境标准……………… (25)
　　(一)温度 ………………………………………… (25)
　　(二)湿度 ………………………………………… (27)
　　(三)有害气体 …………………………………… (28)
　　(四)通风 ………………………………………… (29)
　　(五)光照 ………………………………………… (30)
　　(六)噪声 ………………………………………… (31)
　　(七)灰尘 ………………………………………… (32)
　二、养殖环境因子的控制技术 ………………………… (33)
　　(一)温度的控制 ………………………………… (33)
　　(二)湿度的控制 ………………………………… (34)
　　(三)通风和有害气体的控制 …………………… (34)
　　(四)光照的控制 ………………………………… (36)
　　(五)噪声的控制 ………………………………… (37)
　　(六)灰尘的控制 ………………………………… (37)
第四章　獭兔繁殖技术标准化 …………………………… (38)
　一、獭兔的种群结构 …………………………………… (38)
　　(一)种群结构的合理确定 ……………………… (38)
　　(二)不同兔场的种群结构 ……………………… (39)
　　(三)合理建立兔群结构须注意的问题 ………… (40)
　二、獭兔的繁殖技术标准 ……………………………… (41)
　　(一)发情鉴定技术规范 ………………………… (41)
　　(二)发情规律特殊性的认识 …………………… (42)
　　(三)人工辅助配种技术规范 …………………… (44)

(四)人工授精技术规范 …………………… (46)
　　(五)妊娠诊断技术规范 …………………… (54)
　　(六)接产技术规范 ………………………… (57)
　　(七)人工催产技术规范 …………………… (59)
三、獭兔繁殖的技术指标 ………………………… (62)
　　(一)初配年龄或体重 ……………………… (62)
　　(二)情期受胎率 …………………………… (62)
　　(三)胎均产仔数 …………………………… (64)
　　(四)胎均产活仔数 ………………………… (66)
　　(五)母兔21天泌乳力 ……………………… (69)
　　(六)28天或35天断奶体重 ………………… (72)
　　(七)断奶成活率 …………………………… (73)
四、獭兔现代繁殖模式 …………………………… (74)
　　(一)频密式繁殖模式 ……………………… (75)
　　(二)半频密式繁殖模式 …………………… (75)
　　(三)延期繁殖模式 ………………………… (75)
　　(四)年产六胎复合繁殖模式 ……………… (76)
　　(五)56天繁殖周期模式 …………………… (76)
　　(六)49天繁殖周期模式 …………………… (78)
　　(七)42天繁殖周期模式 …………………… (79)

第五章　獭兔饲料生产标准化 …………………… (80)
一、饲养标准的确定 ……………………………… (80)
二、饲料原料的选择 ……………………………… (85)
　　(一)能量饲料 ……………………………… (85)
　　(二)蛋白质饲料 …………………………… (93)
　　(三)粗饲料 ………………………………… (100)
　　(四)青绿多汁饲料 ………………………… (104)

（五）矿物质饲料 …………………………………… （106）
　　（六）添加剂 ………………………………………… （108）
　三、饲料配方设计及典型配方 ……………………………… （111）
　　（一）配合饲料的配方设计 ………………………… （111）
　　（二）典型配方 ……………………………………… （112）
　四、配合饲料质量标准 ……………………………………… （114）
　　（一）感观性状 ……………………………………… （115）
　　（二）水分 …………………………………………… （115）
　　（三）加工质量指标 ………………………………… （115）
　　（四）营养成分指标 ………………………………… （115）

第六章　獭兔饲养管理标准化 …………………………… （116）
　一、兔场建设 ………………………………………………… （116）
　　（一）兔场场址选择 ………………………………… （116）
　　（二）兔场布局 ……………………………………… （120）
　　（三）兔舍建造 ……………………………………… （123）
　二、笼具选用 ………………………………………………… （127）
　　（一）兔笼 …………………………………………… （127）
　　（二）承粪板 ………………………………………… （129）
　　（三）踏板 …………………………………………… （129）
　　（四）饲料槽 ………………………………………… （130）
　　（五）草架 …………………………………………… （131）
　　（六）饮水器 ………………………………………… （132）
　　（七）产箱 …………………………………………… （134）
　三、常规管理程序 …………………………………………… （136）
　　（一）喂料 …………………………………………… （136）
　　（二）饮水 …………………………………………… （139）
　　（三）兔舍清理 ……………………………………… （141）

(四)兔舍消毒……………………………………(142)
　　(五)转群………………………………………(147)
　　(六)其他管理…………………………………(148)
　四、种公兔饲养管理………………………………(149)
　　(一)种公兔的饲养……………………………(149)
　　(二)种公兔的管理……………………………(150)
　五、母兔饲养管理…………………………………(152)
　　(一)空怀母兔的饲养管理……………………(152)
　　(二)妊娠母兔的饲养管理……………………(154)
　　(三)泌乳母兔的饲养管理……………………(157)
　六、仔兔培育………………………………………(161)
　　(一)仔兔的生理特点…………………………(161)
　　(二)仔兔死亡的主要原因……………………(162)
　　(三)提高仔兔成活率的技术措施……………(162)
　七、商品獭兔饲养管理……………………………(172)
　　(一)饲养良种兔和杂交兔……………………(173)
　　(二)抓断奶体重………………………………(173)
　　(三)过好断奶关………………………………(173)
　　(四)前促后控…………………………………(174)
　　(五)公兔去势…………………………………(174)
　　(六)使用高科技产品…………………………(175)
　　(七)环境控制…………………………………(175)
　　(八)控制疾病…………………………………(176)
　　(九)适时出栏…………………………………(176)

第七章　獭兔疾病防治标准化……………………(177)
　一、环境控制标准…………………………………(177)
　二、环境消毒标准…………………………………(177)

(一)环境检测 …………………………………… (177)
　　(二)环境消毒 …………………………………… (178)
　三、免疫程序标准 ………………………………… (182)
　　(一)免疫程序的制定要因地制宜 ……………… (182)
　　(二)不同规模兔场的免疫程序 ………………… (183)
　四、药物防治标准 ………………………………… (185)
　五、废弃物处理标准 ……………………………… (188)
　　(一)病死兔的无害化处理 ……………………… (188)
　　(二)粪尿等污物的处理 ………………………… (190)
第八章　獭兔产品质量标准化 ……………………… (193)
　一、商品兔出栏标准 ……………………………… (193)
　二、商品兔屠宰取皮规范 ………………………… (194)
　　(一)宰前准备 …………………………………… (194)
　　(二)处死方法 …………………………………… (194)
　　(三)剥皮技术 …………………………………… (195)
　　(四)放血 ………………………………………… (195)
　　(五)胴体处理 …………………………………… (196)
　三、原料皮初加工规范 …………………………… (196)
　　(一)清理 ………………………………………… (196)
　　(二)防腐 ………………………………………… (196)
　　(三)鲜皮贮藏 …………………………………… (198)
　四、獭兔皮等级标准 ……………………………… (199)
　五、兔肉质量标准 ………………………………… (201)
　　(一)无公害兔肉质量标准 ……………………… (201)
　　(二)出口兔肉质量标准 ………………………… (203)
附　录 ………………………………………………… (207)
　一、食用动物禁用兽药及其化合物 ……………… (207)

二、禁止在饲料和动物饮用水中使用的药物 ……… (209)
三、国产獭兔皮行业标准 …………………………… (212)
四、獭兔皮企业标准 ………………………………… (216)

第一章 标准化的概念和獭兔标准化生产的意义

一、标准化的概念和作用

(一)标准及标准化

标准是指在一定的范围内获得最佳秩序,对活动或其结果规定共同的和重复使用的规则、导则或特性的文件,称为标准。该文件经协商一致制定并经一个公认机构的批准。标准应以科学、技术和经验的综合成果为基础,以促进最佳社会效益为目的。

为在一定的范围内获得最佳秩序,而对实际的或潜在的问题制定共同的和重复使用的规则的活动,称为标准化。它包括制定、发布及实施标准的过程。通过制定、发布和实施标准,达到"统一"是标准化的实质,"获得最佳秩序和社会效益"则是标准化的目的。

本书中獭兔标准化生产之标准和标准化,并非严格意义上规则、导则或特性的文件,而是以此为原则,为使獭兔生产者在组织獭兔生产中获得最佳秩序、最佳效率和最佳效益,总结前人在獭兔养殖中的技术成果和生产经验,并进行优化和简化的配套集成技术。

(二)标准化的基本原理

标准化的基本原理包括统一原理、简化原理、协调原理和最优化原理。

1. 统一原理 为了保证事物发展所必须的秩序和效率,对事物的形成、功能或其他特性,确定适合于一定时期和一定条件的一致规范,并使这种一致规范与被取代的对象在功能上达到等效。统一原理包含以下要点:其一,统一是为了确定一组对象的一致规范,其目的是保证事物所必须的秩序和效率;其二,统一的原则是功能等效,从一组对象中选择确定一致规范,应能包含被取代对象所具备的必要功能;其三,统一是相对的,确定的一致规范,只适用于一定时期和一定条件,随着时间的推移和条件的改变,旧的统一就要由新的统一所代替。

2. 简化原理 为了经济有效地满足需要,对标准化对象的结构、形式、规格或其他性能进行筛选提炼,剔除其中多余的、低效能的、可替换的环节,精炼并确定出满足全面需要所必要的高效能的环节,保持整体构成精简合理,使之功能效率最高。简化原理包含以下几个要点:其一,简化的目的是为了经济,使之更有效的满足需要;其二,简化的原则是从全面满足需要出发,保持整体构成精简合理,使之功能效率最高。所谓功能效率系指功能满足全面需要的能力;其三,简化的基本方法是对处于自然状态的对象进行科学的筛选提炼,剔除其中多余的、低效能的、可替换的环节,精练出高效能的能满足全面需要所必要的环节;其四,简化的实质不是简单化而是精练化,其结果不是以少替多,而是以少胜多。

3. 协调原理 为了使标准的整体功能达到最佳,并产生实际效果,必须通过有效的方式协调好系统内外相关因素之间的关系,确定为建立和保持相互一致、适应或平衡关系所必须具备的条件。协调原理包含以下要点:其一,协调的目的在于使标准系统的整体功能达到最佳并产生实际效果;其二,协调对象是系统内相关因素的关系以及系统与外部相关因素的关系;其三,相关因素之间需要建立相互一致关系(连接尺寸)、相互适应关系(供需交换条件)、相互平衡关系(技术经济招标平衡,有关各方利益矛盾的平衡),为此必须确立条件;其四,协调的有效方式有:有关各方面的协商一致,多因素的综合效果最优化,多因素矛盾的综合平衡等。

4. 最优化原理 按照特定的目标,在一定的限制条件下,对标准系统的构成因素及其关系进行选择、设计或调整,使之达到最理想的效果,这样的标准化原理称为最优化原理。

(三)标准化的主要作用

1. 标准化为科学管理奠定了基础 所谓科学管理,就是依据生产技术的发展规律和客观经济规律对企业进行管理,而各种科学管理制度的形式,都以标准化为基础。

2. 标准化能提高工作效率和经济效益 标准化应用于科学研究,可以避免在研究上的重复劳动;应用于产品设计,可以缩短设计周期;应用于生产,可使生产在科学的和有秩序的基础上进行,进而提高经济效益;应用于管理,可促进统一、协调和提高工作效率。

3. 标准化是科研、生产、使用三者之间的桥梁 一项科研成果,一旦纳入相应标准,就能迅速得到推广和应用。因此,标准化可使新技术和新科研成果得到推广应用,从而促进技术进步。

4. 标准化为组织现代化生产创建了前提条件 随着科学技术的发展,生产的社会化程度越来越高,生产规模越来越大,技术要求越来越复杂,分工越来越细,生产协作越来越广泛,这就必须通过制定和使用标准,来保证各生产部门的活动,在技术上保持高度的统一和协调,以使生产正常进行。

5. 标准化是产品质量安全的保障 大量的环保标准、卫生标准和安全标准制定发布后,用法律形式强制执行,使产品质量安全有了保障,尤其是食品的质量安全,对保障人民的身体健康具有重大作用。

二、獭兔标准化生产的概念和意义

(一)獭兔标准化生产的概念

獭兔是目前最受欢迎的经济动物之一,其以皮为主,皮肉兼用,除主要生产优质毛皮以外,獭兔肉也是重要的产品。

獭兔标准化生产是以畜牧科技成果和实践经验为基础,运用"统一、简化、优选"的原则,通过制定和实施标准,使獭兔生产全过程规范化、系统化,从而创造出最佳的经济、社会生态效益。具体来讲,应包括3个方面的内容:一是设施和环境标准化。现代畜牧业改革的主要内容就是养殖设施和环境的改革,现代畜牧业生产要求设计标准科学、设施装备先进,动物饲养条件优越、环境保护设施配套,这样不仅能提高集约化程度和生产效率,也可以保障养殖环境的净化,是生产安全健康畜产品的硬性条件。二是技术管理标准化。主要是围绕生产健康安全獭兔产品而制定的饲养管理技术规范、饲料生产标准、兽药生产标准、防疫程序标准、兽医卫生标准以及相应的法律与企业经营管理体系等。如目前我国正在积极推行GMP(良好操作规范)、HACCP(危害分析与关键控制点)、ISO 9000系列标准(质量管理体系标准)、ISO 4000系列标准(环境管理体系标准)等质量管理认证,目的是提高畜牧业生产的技术管理水平。三是獭兔产品质量标准化。通过设施环境与技术管理两方面的标准化,使獭兔产品质量标准逐步达到无公害畜产品、绿色畜产品、有机畜产品质量标准,实现产品质量上档次、上水平,满足国内外市场需要。

(二)獭兔标准化生产的意义

1. 獭兔标准化生产既是国际贸易发展的需要,也是保证国内消费者身体健康的需要 从国际贸易来看,各国对进口产品制定了大量的、严格的标准,从普通的包装和外观设计,到内在成分含量标准,乃至环保标准,进口国对产品的质量要求越来越高,标准越来越多。任何一项达不到要求,都将被拒绝进口。比如,2002年年初,从我国出口到荷兰的兔肉、鸭肉和鱼虾中检测出氯霉素残留,6 000多吨的产品,价值1 500万美元。按照欧盟有关法律,对监测不合格的中国货物实行了就地销毁。从国内来看,食品安全与每个公民的利益息息相关。随着一件件畜产品安全事件的曝光,人们对食品的安全日益重视,保护消费者权益的呼声也日益高涨。政府部门更多地关注食品安全,相继制定了相应标准,促使企业生产标准化,使产品达到相应的标准要求。目前我国已制定了无公害食品标准,包括无公害兔肉标准,只有按照标准去养殖和加工,才能生产出安全兔肉,放心兔肉,才能保障消费者的健康,才能提升我国兔肉在国际市场上的信誉和竞争力,更大份额地占领国际市场,出口创汇。也只有这样,才能保障广大兔农的根本利益,促进獭兔养殖业的科技进步和健康发展。

2. 獭兔标准化生产是提高獭兔养殖效益的需要 生产中经常见到,同样饲养到出栏的商品獭兔,有的每只售价高达近百元,而有的仅 20 余元,后者不仅没有利润,而且还赔钱。究其原因固然很多,但其中最根本的原因是未能科学养兔,主要表现在没有标准化的品种、标准化的饲料、标准化的饲养管理和标准化的出栏技术规范。

3. 獭兔标准化生产是提高我国獭兔皮制品整体水平的需要 獭兔以皮为主,其皮张可制作多种服装、服饰和其他用品。没有标准化的獭兔皮,就没有高质量的兔皮制品。没有高质量的兔皮制品,就不可能在市场竞争中占据主导地位。

第二章 獭兔养殖品种与选育标准化

一、獭兔的主要养殖品种

我国饲养的獭兔最初均为国外引入。除了20世纪50年代从前苏联引进的獭兔基本消失以外,目前饲养的主要是从美国、德国和法国引进的獭兔,习惯上我们分别称为美系、德系和法系。此外我国还自行培育了一些品系。

(一)美系獭兔

我国多次从美国引进獭兔,由于引进的年代和地区不同,特别是国内不同兔场饲养管理和选育手段的不同,美系獭兔的个体差异较大。

美系獭兔的基本特征是:头小嘴尖,眼大而圆,耳长中等直立,转动灵活;颈部稍长,肉髯明显;胸部较窄,腹腔发达,背腰略呈拱形,臀部发达,肌肉丰满;毛色类型较多,美国国家承认14种,我国引进的以白色为主。根据笔者对北京市某兔场300多只美系獭兔的测定,成年体重3605.03±469.12克,体长39.55±2.37厘米,胸围37.22±2.38厘米,头长10.43±0.74厘米,头宽11.45±0.69厘米,耳长10.43±0.76厘米,耳宽5.95±0.56厘米。繁殖力较强,1年可繁殖4～6胎,胎均产仔数8.7±1.79只,断奶只数7.5±1.5只。母兔的泌乳力较强,母性好。初生重45～55克,30天断奶重400～550克,5月龄时2.5千克以上。在良好的饲养条件下,4月龄可达到2.5千克以上。

美系獭兔的被毛品质好,粗毛率低,被毛密度较大。据笔者测定,5月龄商品兔每平方厘米被毛密度在13000根左右(背中部),最高可达到18000根以上。与其他品系比较,美系獭兔的适应性好,抗病力强,繁殖力高,容易饲养。其缺点是群体参差不齐,平均体重较小,一些地方的美系獭兔退化较严重,应引起足够的重视。

(二)德系獭兔

1997年北京万山公司从德国引进獭兔300只,经过在国内饲养、驯化、繁育和保种,基本适应了我国的气候条件和饲养条件,表现良好。

该品系体型大,被毛丰厚、平整,弹性好,遗传性稳定,具有皮肉兼用的特点。外貌特征为体大粗重,头方嘴圆,尤其是公兔更加明显。耳厚而大,四肢粗壮有力,全身结构匀称。胎均产仔数6.8只,初生重54.7克,平均妊娠期32天。早期生长速度快,6月龄平均体重4.1千克,成年体重在4.5千克左右。其主要体尺指标见表2-1。

表2-1 德系獭兔主要体尺测定结果 (单位:厘米)

性别	胸围	体长	头宽	耳长	耳宽	毛长
公兔	31.1	47.3	5.6	11.28	5.94	2.07
母兔	30.93	48	5.43	11.00	5.5	2.14

据北京万山公司试验,以德系獭兔为父本,以美系獭兔为母本,进行杂交,生产性能有较大幅度的提高。杂交二代的生产性能和外貌特征与德系纯种较近:平均妊娠期32天,平均

产仔数6.4只,仔兔初生重53.7克。主要体尺指标为:胸围31厘米,体长46.7厘米,头宽5.3厘米,耳长11.2厘米,耳宽5.7厘米,毛长1.99厘米。30日龄断乳个体重500克以上,110日龄体重2311克。

该品系被引入其他地区后,表现良好。特别是与美系獭兔杂交,对于提高生长速度、被毛品质和体型,有很大的促进作用。近年市场上对于被毛长度和弹性要求较高,德系獭兔皮非常走俏,销售价格高于其他品系的兔皮。但是,该品系的繁殖力较低,其适应性还有待于进一步驯化。

(三)法系獭兔

獭兔原产于法国。但是,今天的法系獭兔与原始培育出来的獭兔已有很大的差异。经过几十年的选育,法系獭兔取得了较大的遗传进展。1998年11月,山东省荣成玉兔牧业公司从法国引入法系獭兔。其主要特征特性如下。

1. 体型外貌 体型较大,体尺较长,胸宽深,背宽平,四肢粗壮;头圆颈粗,嘴巴平齐,无明显肉髯;耳朵短,耳壳厚,呈"V"形上举;眉须弯曲,被毛浓密平齐,分布较均匀,粗毛比例小,毛纤维长度1.6~1.8厘米。

2. 生长发育 生长发育快,饲料报酬高。荣成玉兔牧业公司法系獭兔生长发育和饲料消耗日粮的营养水平为:粗蛋白质16.7%~18%,赖氨酸0.72%~0.75%,蛋氨酸+胱氨酸0.62%~0.65%,粗纤维>14%(不可消化的纤维素>12%),可消化能10.46~10.67兆焦/千克。测定的结果见表2-2,表2-3。

表 2-2 法系獭兔生长发育统计 （单位：克，厘米）

月龄	1	2	3	4	5	6	成年
体重	650	1740	2460	3160	3850	4470	4850
体长	29	40	43	49	51	53	54
胸围	24	29	32	35.5	39.5	40	41
耳长	7.6	9	9.8	10.2	10.5	11	11.5
耳宽	3.5	4	4.6	5	5.4	5.8	6.2

表 2-3 法系獭兔增重与饲料消耗统计 （单位：克）

周龄	3	4	5	7	10	12	平均
仔兔日龄	21	28	35	49	70	84	
周末体重	375	590	800	1430	2020	2340	
阶段耗料		175	350	1260	3150	2520	
日耗料		25	50	90	150	180	118.3
日增重		30.71	30	45	28.1	22.85	31.19

3. 繁殖性能 初配时间公兔 25～26 周龄，母兔 23～24 周龄。分娩率 80%，胎产活仔数 8.5 只，每胎断奶仔兔数 7.8 只，断奶成活率 91.76%。断奶 3 月龄死亡率 5%，胎均出栏数 7.3 只，母兔每年出栏商品兔数 42 只。仔兔 21 天窝重 2850 克，35 日龄断奶个体重 800 克。母兔的母性良好，护仔能力强，泌乳量大。

4. 商品质量 商品獭兔出栏月龄 5～5.5 月龄，出栏体重 3.8～4.2 千克，皮张面积 1330.7 平方厘米（1.2 平方尺）以上，被毛质量好，95% 以上达到一级皮标准。

(四)四川白獭兔

四川白獭兔是四川省草原研究所培育的。以白色美系獭兔和德系獭兔杂交,采用群体继代选育法,应用现代遗传育种理论和技术,经过连续五个世代的选育,培育出了体型外貌一致、繁殖性能强、毛皮品质好、早期生长快、遗传性能稳定的白色獭兔新品系。2002年6月,经过四川省畜禽品种委员会审定,四川省畜牧食品局批准命名为四川白獭兔。并荣获四川省人民政府科技进步一等奖。

1. 外貌特征 全身被毛白色,丰厚,色泽光亮,无旋毛,不倒向。眼睛呈粉红色。体格匀称、结实,肌肉丰满,臀部发达。头型中等,公兔头型较母兔大。双耳直立。腹毛与被毛结合部较一致,脚掌毛厚。成年体重3.5~4.5千克,体长和胸围分别为44.5厘米和30厘米左右,被毛密度23000根/厘米^2,细度16.8微米,毛丛长度为16~18毫米。属中型兔。

2. 生长发育 8周龄体重1268.92±98.09克,13周龄体重2016.92±224.18克,22周龄体重3040.44±263.34克,体长43.39±2.24厘米,胸围26.57±1.29厘米,6~8周龄平均日增重29.85±3.61克,8~13周龄平均日增重24.71±1.10克,13~22周龄平均日增重16.10±1.19克,22~26周龄平均日增重9.57±1.45克。

3. 繁殖性能 4~5月龄性成熟,6~7月龄体成熟。母兔初配月龄6月龄,公兔7月龄。种兔利用年限2.5~3年。受孕率81.80%±5.84%,窝产仔数7.29±0.89只,产活仔数7.10±0.85只,初生窝重385.98±41.74克。3周龄窝重2061.40±210.82克。6周龄活仔数6.61±0.54只,6周龄窝重4493.48±520.70克,断奶成活率94.03%±0.10%。

4. 毛皮性能 22周龄,生皮面积 1132.3 ± 89.45 平方厘米;密度 22935 ± 2737 根/厘米^2,细度 16.78 ± 0.94 微米,毛长 17.46 ± 1.09 毫米,皮肤厚度 1.69 ± 0.27 毫米,抗张强度 13.74 ± 4.13 牛/44毫米^2,撕裂强度 33 ± 6.75 牛/44毫米^2,负荷伸长率 $34\%\pm3.52\%$,收缩温度 $87.3℃\pm2.67℃$。

5. 产肉性能 22周龄,半净膛屠宰率 $58.86\%\pm4.07\%$,全净膛屠宰率 $56.39\%\pm4.07\%$,净肉率 $76.24\%\pm5.21\%$,肉骨比 3.21 ± 0.99。

6. 生产效果 四川白獭兔在农村饲养条件下,平均胎产仔7.3只,泌乳力1658克,仔兔断奶成活率89.3%,13周龄体重1786克,毛皮合格率84.6%,具有较好的适应性和良好的生产性能。利用该品系公兔改良普通獭兔,仔兔断奶成活率提高3.6%,成年体重增加14%,毛皮合格率提高18个百分点,改良效果显著。适合广大农村养殖,具有广阔的应用前景。

(五)吉戎兔

吉戎兔是原解放军军需大学于1988年利用日本大耳白母兔和加利福尼亚色型的美系公兔杂交,经过5个世代选育形成,共32个家系,含加利福尼亚色型獭兔血液75%,日本大耳白兔血液25%,于2003年11月通过国家畜禽品种审定委员会特种动物品种专家审定。

吉戎兔体型外貌基本一致,体型中等,成年兔平均体重 $3.5\sim3.7$ 千克,其中全白色型较大,"八黑"(两耳、鼻端、四肢下部、尾为黑褐色)色型的较小。被毛洁白、平整、光亮。体型结构匀称,耳较长而直立,背腰长,四肢坚实、粗壮,脚底毛粗长而浓密。皮毛品质优良,平均被毛密度14000根/厘米^2,毛长 1.68~1.75 厘米,毛纤维细度 16.48~16.70 微米,粗毛率 4.45%~5.70%。指标已达到皮用兔品种审定标准,遗传性稳定。

该兔繁殖力强,育成率高,平均窝产仔数 6.9~7.22 只,初生窝重 351.23~368 克,初生个体重量 51.72~52.9 克,泌乳力 1881.3~1897 克,断乳成活率 94.5%~95.1%。

适应性强,较耐粗饲,在金属网饲养条件下,脚皮炎发病极少,优于国内饲养的其他品种皮用兔。吉戎兔群体数量大,核心群 920 只,32 个家系,生产群 4 200 只以上。仅吉林省饲养 3 万只以上。

(六)金星獭兔

江苏省太仓市獭兔公司,在南京农业大学等教学科研单位的帮助下,从 1996 年开始进行獭兔杂交选育,利用分布于我国北方、南方和江苏的獭兔优良群,在系统选育基础上进行杂交,并对杂交后代进行严格选择和淘汰,组成核心群进行精心培育,经过近 8 年的选育,于 2003 年底育成了獭兔新品系,定名为金星獭兔。

1. 金星獭兔的种质特性 体型大,毛皮品质好;耐粗饲,抗病力强。体型外貌可分为 3 种类型:即皱襞型(A)、中耳型(B)和小耳型(C)。

(1)皱襞型(A) 头型中等,耳厚竖立,体型偏大,成年体重 4.5 千克左右。四肢和后躯发达,自颈部至胸部形成明显的皱襞,皮肤宽松,形似美利奴羊,皮张面积比同体型的其他类型獭兔大 15%~25%。该类型兔是重点选育和推广的对象。

(2)中耳型(B) 头大小中等、略圆,耳中等大、厚而竖立,身体匀称,四肢和后躯发达。生长发育接近于 A 型,成年体重 4.0~4.5 千克。

(3)小耳型(C)　头大小适中、稍圆,耳偏小、厚而竖立,四肢身体发育匀称。生长发育接近于 B 型,成年体重 4.0 千克左右。

2. 被毛　被毛密度:肩部 17010 根/厘米^2,背部 22170 根/厘米^2,臀部 37122.50 根/厘米^2;粗毛比例:肩部 5.665%,背部 5.675%,臀部 3.775%。被毛长度:肩部绒毛 1.83 厘米,粗毛 1.79 厘米,背部绒毛 1.93 厘米,粗毛 1.88 厘米,臀部绒毛 2.06 厘米,粗毛 2.01 厘米。

3. 繁殖性能　窝均产仔 8.02 只,初生窝重 447.2 克,21 日龄窝重 2660.3 克,35 日龄断奶个体重 586 克,断奶成活率 90%。

4. 生长发育　3月龄个体重 2.0 千克,4 月龄达到 2.5 千克以上,5 月龄 2.75 千克以上。5 月龄毛皮品质一级品率 40%以上,二级品率 50%以上。

据不完全统计,金星獭兔选育工作开展以来,先后向全国 24 个省、直辖市、自治区 200 多个县、市(特别是西部贫困地区)推广 3 万只左右。2003 年 12 月,中国畜牧业协会兔业分会组织有关专家,经过资料审核、实地考察、对现场 600 只群体核心群种兔和 7000 只青年种兔群测定,通过"AAA"级评审。

二、獭兔品种的鉴定和评价方法

评价獭兔群体或个体好坏是一个复杂的问题,有众多定性和定量指标,而每个阶段又有所不同。生产中常用的鉴定和评价方法有系谱鉴定、个体鉴定和后裔鉴定。

(一)系谱鉴定

系谱是1只獭兔的父母及其各祖先的个体号、生产性能等的记录文件,是獭兔育种的重要依据。系谱一般记载3~5代,1个有价值的系谱至少包括的内容有父母、祖父母、外祖父母耳号及其生产成绩(如体重、被毛密度、繁殖性能等)。系谱鉴定是通过查阅和分析獭兔各代祖先的生产性能、发育表现以及其他材料,来估计獭兔的育种值,同时还可了解其祖先的近交情况。

1. 系谱的形式 系谱形式主要有竖式和横式2种,但用得最普遍的是横式系谱。横式系谱是将种兔耳号记在系谱的左边,历代祖先顺序向右记载,愈向右祖先代数愈高,各代的公兔记在上方,母兔记在下方。在实际生产中为了查阅方便,可将种公兔的耳号、祖先的耳号、生产性能(有后裔成绩的是指女儿的生产性能,无后裔成绩的只有祖先的生产性能)以及种公兔的照片配在一起构成系谱图,专门供选种选配之用。

2. 系谱鉴定的注意事项

第一,系谱鉴定,首先应考虑的是父母代,然后是祖父母代。因为在没有近交的情况下,每经过1代,个体与祖先的关系减少1/2。獭兔的系谱鉴定多用于獭兔尚处于幼兔阶段或青年阶段,本身尚无繁殖记载,更无后裔测定资料。

第二,系谱鉴定应有重点,一般把重点放在上代的外貌特征和生产性能上(尤其是被毛密度、毛长和体重),同时也考虑近交情况。

第三,系谱鉴定必须各代记录完善,如果系谱中仅有各代祖先的耳号,而没有其他的生产记录等,除分析近交程度外,无法进行其他测定。

(二) 个体鉴定

个体鉴定又称个体选择,是根据被鉴定獭兔个体本身表现来评价和选择种兔的方法。当后备兔长大并且具有一定的生产记录时,需要根据它本身的各项品质进行个体鉴定。由于个体选择根据个体本身的表型值进行选择,所以选择效果与被选性状的遗传力大小有关。一般情况下,性状的遗传力高,个体选择的效果就好。如生长速度、饲料消耗比、胴体重、屠宰率、被毛品质和体型外貌等性状,遗传力较高,个体选择的效果就较好。而繁殖性能方面的性状遗传力低,个体选择的效果就不太好。对于限性性状和活体难以度量的性状,不宜进行个体选择。

生产中有的兔场采用百分制评定法对种兔进行个体鉴定。具体方法是在确定了要评定的性状后,按照国家或地方制定的种兔标准进行评定,也可以依生产目的确定评定项目,根据兔场实际生产水平确定评分标准。评分标准不能过高,也不能过低,以免出现选种困难或选出种兔质量太差的问题。各评定项目得分总和为 100 分,所以称为百分制评定法。对被鉴定种兔要逐只逐项鉴定评分,按各性状评定出来的总分进行选种,选出其中最优秀的种兔来。个体鉴定包括 4 个部分的内容。

1. 体型外貌 注意外形上头部与体躯大小协调一致,同时要符合本品种的特征。作为公兔头应呈方形或圆形,肉髯无或较小,表明雄性特征明显。而母兔的头相对长而清秀,肉髯明显,但不要过大,过大是疏松体质的表现。两眼大而明亮,天然孔干净,这是健康的标志。耳大小适中直立。体躯的长短与各部位发育的程度有关,要求背部和臀部宽而肌肉丰满。胸窄,说明心肺发育不良。驼背、腰背狭窄或下陷是严重的缺点。腹部容量要较大,但不松弛下垂。一般公兔外形呈砖形,背宽平,相对短粗,腹部较小,四肢粗壮有力,臀部发达;母兔腹部发达,体型较长,骨盆腔发育良好,乳头数8个以上。姿态端正,腿脚的长度符合品种特征。生殖器官发育正常,公兔睾丸大而匀称,性欲要强,单睾或是隐睾的公兔不能作种用;母兔无阴道炎或其他生殖系统疾病。

2. 生长发育状况 主要观察生长发育速度,如断乳重,3月龄体重和5月龄(或6月龄)体重。生长速度既表明其生长潜力,也体现健康状况,同时与饲料消耗有直接关系。生长速度越快,饲料的转化效率越高。而早期生长发育指标至关重要。

3. 皮毛品质 獭兔是皮用兔,皮毛品质至关重要。皮毛品质包括3个方面,即板、毛、面。板即皮板,其厚度和强度是裘皮制品寿命的关键,而其与月龄有直接关系。5月龄之前的皮板较嫩,尚未成熟,鞣制过程中容易破溃,制成的服装不耐用。这对于商品獭兔打皮至关重要;毛即被毛的密度、长度、细度、均匀度、粗毛率和附着度等,密度越大越好,作为种兔应在16 000根/厘米^{2}以上为宜。被毛长度与用途有关,皮领路的皮张被毛长度应在2.0厘米以上,服装路的皮张毛长可在1.8厘米左右,而褥子路的皮张毛长可短一些。任何种兔的被毛均匀度要好,粗毛率不能过高,粗毛与绒毛的长度相等,不可露出毛被。种兔的换毛要快而整齐,毛与皮的附着结实,不容易脱落,否则为严重的缺陷。面即面积,与体型大小和体重有关。体型或体重大,则体表面积大,皮张面积就大,对于商品獭兔皮而言,其价值越高。但对于种兔,体型或体重过大严重影响繁殖性能。因此,成年种兔体重以 3.5~4.5 千克为佳。

4. 繁殖性能　当种兔有繁殖记录之后,其评价和鉴定的内容重点放在繁殖性能上。母兔主要包括产仔数、产活仔数、断奶仔兔数、仔兔成活率、初生窝重、21 天泌乳力(21 天窝增重)和断奶窝重等。在此强调,母兔的母性(即护仔能力,包括产前拉毛做巢,定时主动喂奶,不吃仔踏仔等)至关重要,而母性具有很强的遗传性;公兔主要是看性欲、精液品质和与配母兔的受胎率等。

(三)后裔鉴定

后裔鉴定是根据后代品质来鉴定亲代遗传性能的一种选择方法。因为后代的性状表现,是由亲代所提供的遗传物质和环境条件共同作用的结果,所以在一定的环境条件下,后代的表现可以反映出亲代的遗传基础。后裔鉴定是迄今为止最有效的选种方法。

后裔鉴定需要通过对大量后代的性能评定,才能判断种兔的品质,所以方法要比前两种复杂。因为种公兔在后代的数量上大大超过母兔,从而在育种上的影响也大大超过母兔,所以,一般只对种公兔进行后裔鉴定。测定时要求与配母兔最好处于 3~5 胎之间,同时在外形、生产性能、繁殖性能以及系谱结构等方面都应良好。每只受测公兔要有 8~10 只与配母兔,至少 20 只后代可供测定。与配母兔同期配种、同期分娩,仔兔同期断奶,母兔和幼兔置于相同的条件下,并详细记载与配母兔的繁殖性能和受测后裔的个体品质,以便全面鉴定受测种公兔。

根据后裔品质鉴定种公兔的种用价值时,可以采用该种公兔的后裔与整个兔群中同龄后裔的对比法来进行。首先计算出该公兔后裔品质的平均值,再计算出整个兔群中同龄后裔的平均值,然后进行比较。种公兔后裔的平均值高于兔群同龄后裔平均值,表示该种公兔的种用价值高;反之,种用价值不高,不宜做种用。

由于獭兔的繁殖周期和繁殖寿命很短,后裔鉴定仅对核心群中的优秀种公兔有应用价值。

三、獭兔的选种程序和选种标准

种兔的系谱鉴定、个体选择和后裔鉴定在育种实践中是相互联系密不可分的,只有把这几种鉴定方法有机结合起来,按照一定的程序严格进行测定和筛选,才能对种兔做出最可靠的评价。由于种兔的各项性状分别在特定的时期内得以表现,因而对它们的鉴定和选择必然也要分阶段进行。

首先,在仔兔断奶时应进行系谱鉴定,并结合断奶体重和同窝同胞的整齐度进行评定和选择;随后,在生长发育的不同阶段,按各自的要求对后备兔进行评定和选择,即个体鉴定;经过系谱鉴定和个体鉴定,把符合要求的个体留作种用,当其后代有了生产记录后再进行后裔鉴定。

第一次选择 在仔兔断奶时进行。主要根据断奶体重结合系谱和同窝同胞在生长发育上的均匀度进行选择,选留断奶体重大的幼兔作为后备兔,因为幼兔的断奶体重对其以后的生长速度影响较大。

第二次选择 在3月龄时进行。着重测定个体重、断奶至3月龄时的平均日增重和被毛品质,采用指数选择法进行选择。选留生长发育好且快、被毛品质好、抗病能力强、生殖系统无异常的个体留作后备兔。

第三次选择　在 4 月龄时进行。对个体重和被毛品质进行复选,并进行体尺测定。一般兔场可省略。

第四次选择　在 5~6 月龄初配前进行。鉴定的重点是生产性能和外形。根据体重、被毛品质、体尺以及生殖器官发育的情况选留,淘汰发育不良个体。公兔要进行性欲和精液品质检查,体型小、性欲差的公兔不能留作种用。对选留种兔安排配种,对于不合格的及时作为商品兔处理。

第五次选择　在 1 岁左右时进行,主要鉴定母兔的繁殖性能,淘汰屡配不孕的母兔。根据母兔前三胎受配性、母性、产(活)仔数、泌乳力、仔兔断奶体重和断奶成活率等情况,进行综合指数选择,选留繁殖性能好的母兔,淘汰繁殖性能差的母兔。

第六次选择　在后代有生产性能记录时进行。根据后裔测定进行选择,选后裔性状表现好的,淘汰后裔性状差的。

选择后备种兔时,最好从良种母兔所产的 3~5 胎幼兔中选留,开始选留的数量应比实际需要量多 1~2 倍,而后备公兔最好应达到 10∶1 或 5∶1 的选择强度(国外 2%)。为了提高性状的遗传改进量,獭兔选种时应减少拟选性状的个数,同时将拟选性状分成两组,分别对公母兔进行选择,公兔主要选择被毛品质和生长速度等性状,母兔主要选择母性方面的性状,如泌乳力、断奶成活数等,兼顾被毛品质。近年来,各国对肉兔的选种制定了各种指标和要求,但獭兔尚无详细指标。现将肉兔品种母兔的繁殖参数列出(表 2-4),供参考。

表 2-4　母兔的主要繁殖参数

生产指标	最低水平	最佳水平
每只母兔年提供断奶仔兔数(只)	40	50
每个母兔笼位年提供断奶仔兔数(只)	45	55

续表 2-4

生产指标	最低水平	最佳水平
母兔配种率(%)	70	85
配种母兔分娩率(%)	55	85
平均每胎产仔数(只)	8	9
每胎产活仔兔数(只)	7.5	8.5
每个母兔笼位年产仔胎数(胎)	6	7.5
两胎产仔间隔时间(天)	60	50
仔兔出生至断奶死亡率(%)	25	18
每胎平均断奶仔兔数(只)	6	7
每只哺乳母兔哺育断奶仔兔数(只)	6.5	7.5
30日龄断奶仔兔体重(克)	500	600
断奶幼兔增重1千克所消耗饲料(千克)	4.5	4
每月母兔淘汰率(%)	8	5

由于獭兔的生产性能较肉兔低,将肉兔的低水平性能作为獭兔的适宜生产水平指标比较符合目前我国獭兔生产实际。

四、獭兔良种的利用

獭兔良种的利用途径有三:一是纯种繁育直接进行商品獭兔生产;二是品系间杂交进行商品獭兔生产;三是作为育种材料,对其他品种(系)进行改良,或直接培育新的品种(系)。

(一)纯种繁育

良种的纯种繁育,直接进行商品生产是最常用的和最基本的一种途径。相同品种(系)的獭兔相互交配,后代作为商品獭兔出栏。由于培育的獭兔均为良种,其后代性能稳定,被毛品质较好。不同规模的兔场,在通过这种途径进行商品生产的同时,对纯繁的后代进行鉴定,根据生产性能和血统情况,选择最优秀的个体留作继续繁育的种兔,以补充种群,性能一般的个体作为商品兔出售。

(二)系间杂交

品种(系)间存在一定差异,而这种差异是品种(系)间杂交产生杂种优势的物质基础。利用优良獭兔不同品系进行系间杂交生产商品獭兔,是一种理想的利用途径。

1. 二元杂交 根据美系、德系和法系獭兔的特点,进行了二元系间杂交试验。选取数量最多,适应性、抗病力和繁殖力最强的美系獭兔为母本,以德系和法系为父本,进行二元系间杂交。结果表明:二元杂交的胎产仔数均高于德系和法系,与美系相近;出生窝重、断奶仔兔数和断奶成活率等性能高于纯繁(表2-5);3月龄和5月龄的体重和被毛密度杂交后代优于美系,而接近德系和法系(表2-6)。综合以上指标,以德系作父本效果最好。

表2-5 不同品系及品系间杂交繁殖性能　　(单位:只、克、%)

品 系	胎数	胎均产仔数	初生窝重	断乳仔兔数	断乳窝重	断乳成活率
德×美	120	7.73	407.24	7.15	3380.08	92.53
法×美	120	7.76	399.51	7.17	3363.45	92.42

续表 2-5　　（单位：只、克、%）

品系	胎数	胎均产仔数	初生窝重	断乳仔兔数	断乳窝重	断乳成活率
美系	120	7.76	397.31	7.09	3249.71	91.33
德系	120	6.96	389.76	6.19	3383.89	88.94
法系	120	7.28	391.63	6.58	3362.45	90.45

表 2-6　不同品系及品系间杂交生长发育和被毛品质

（单位：只、克、根/厘米^2、厘米、厘米^2）

组合	断乳			3月龄				5月龄				
	统计只数	平均体重	只数	平均体重	被毛密度	毛长	只数	平均体重	被毛密度	毛长	皮张面积
德×美	858	490.18	250	1986.31	12732	1.88	250	2999.08	15242	1.89	1228.09
法×美	860	479.56	250	1947.63	12604	1.82	250	2986.13	15135	1.83	1225.12
美系	850	458.35	350	1788.46	11522	1.75	300	2676.44	13983	1.76	1150.16
德系	742	546.67	350	2273.11	13816	1.98	300	3116.25	16856	1.94	1255.04
法系	807	511.01	350	2160.21	13435	1.86	300	3013.46	16388	1.89	1231.48

2. 三元杂交　在进行二元杂交之后，为了挖掘其更大的遗传和杂种优势的潜力，先后进行了2个三元系间杂交试验，即利用2个二元杂交后代的母兔作为母本，以德系或法系獭兔作为父本，进行杂交，取得理想效果（表2-7，表2-8）。

表 2-7　三元杂交繁殖性能　（单位：胎、只、克、%）

品系	胎数	胎均产仔数	初生窝重	断乳仔兔数	断乳窝重	断乳成活率
法×德美	90	7.70	409.56	7.17	3481.41	93.12
德×法美	90	8.08	413.54	7.61	3464.35	94.23

表 2-8 三元杂交生长发育和被毛密度

(单位:只、克、根/厘米^2、厘米、厘米^2)

组合	断乳			3月龄				5月龄				皮张面积
	统计只数	平均体重	只数	平均体重	被毛密度	毛长	只数	平均体重	被毛密度	毛长		
法×德美	430	519.59	250	2376.11	13834	1.87	250	3135.35	16553	1.89		1259.37
德×法美	456	527.52	250	2413.63	13945	1.89	250	3229.27	16890	1.92		1280.33

以上结果表明:三元杂交优于二元杂交,二元杂交优于纯繁。以法系为第一父本,以德系为第二父本的三元杂交效果最理想。

(三)新品种(系)培育

以优良獭兔品种(系)作为育种材料,进行新品种(系)的培育,也是良种常用的一种途径。目前我国培育的几个皮用兔新品系,如吉戎兔、四川白獭兔、金星獭兔等,均以良种獭兔为育种材料,通过品种或品系间的杂交创造理想个体,而后进行基因固定等手段培育而成的。

第三章 獭兔养殖环境控制标准化

一、养殖环境对獭兔的影响及环境标准

所谓养殖环境是指影响獭兔生长、发育、繁殖和生产等一切外界因素。这些外界因素有自然因素和人为因素。具体地说,獭兔的养殖环境包括作用于獭兔身体的一切物理性、化学性、生物性和社会性环境。物理性环境包括兔舍、笼具、温度、湿度、光照、通风、灰尘、噪声、海拔和土壤等。化学性环境包括空气、有害气体和水等。生物性环境包括草、料、病原体、微生物等。社会环境包括饲养、管理以及与其他家畜或有害兽的关系等。

獭兔生长发育和繁衍后代等生命活动,与环境息息相关。给獭兔提供适宜的环境,是养好獭兔的前提和基础。没有良好的环境,就没有獭兔的健康,养兔效益将无从谈起。因此,了解和掌握影响獭兔生产的各种环境因素,可以有目的地针对这些因素加以控制,尽可能减少这些因素对獭兔生产的影响,创造符合獭兔生理要求和行为习性的养殖环境,以增加养兔生产的经济效益。

(一)温 度

1. 高温对獭兔的影响

(1)高温对繁殖的影响 獭兔睾丸对高温极其敏感。30℃以上的持续高温,可使种公兔睾丸内的生精上皮变性,暂

时失去生精功能。因此,在南方有"夏季不孕"之说,在华北地区夏季和秋季的受胎率低。高温对母兔的繁殖也有一定影响,尤其是对妊娠母兔的影响严重。在妊娠期,尤其是妊娠后期代谢旺盛,营养需求量大,产热量高。由于高温,一方面影响采食,一方面影响散热。双重影响,往往导致妊娠母兔中暑或妊娠毒血症而死亡。高温期间妊娠的母兔即便能正常产仔,其仔兔的初生重也低于正常仔兔。

(2)高温对生长的影响 高温既影响獭兔的采食,又影响獭兔的体温调节和代谢,严重影响獭兔的生长发育。笔者试验,以15℃～25℃的适宜温度和33℃的温度进行獭兔肥育试验,两者增重相差1倍以上。

(3)高温对泌乳母兔和仔兔的影响 高温环境严重影响泌乳母兔的采食量,降低泌乳量,进而影响仔兔发育和降低成活率。

(4)高温对健康的影响 短时的一般高温(30℃～33℃),獭兔可以耐受,但是长期持续高温,对獭兔的健康造成严重影响。比如,高温季节容易发生中暑;高温使獭兔呼吸系统负担加重,导致群发性传染性鼻炎和肺炎;高温往往伴随高湿,容易诱发球虫病和真菌性皮肤病;高温高湿,极容易使饲料霉变,导致群发性霉菌毒素中毒。

总之,高温对獭兔的影响是全方位的。提高獭兔的生产性能和保持健康,必须控制高温。

2. 低温对獭兔的影响 相对高温,低温对獭兔的负面影响要小一些。獭兔具有一定的抗御低温能力。低温条件下,刺激机体生长出含绒毛更高更密的冬毛,增加采食量,以增强保温能力和提供更多的能量。但是,低温对仔兔和生长兔的影响是明显的。初生仔兔裸体无毛,体温调节功能不健全,需要较高的环境温度(30℃以上),如果保温不好,将受到冻伤而死亡;断奶后的生长兔皮薄毛稀,对低温的适应能力有限,环境温度过低,采食量增加,而生长速度明显下降。

低温也会降低獭兔的繁殖力,母兔发情和公兔配种都将受到一定影响。而这种影响往往与冬季光照时间缩短相互作用。

低温条件下,獭兔细菌性传染病的发生率较低。但病毒性传染病,尤其是兔瘟的发病率高。皮肤真菌病和呼吸道疾病的发生率往往增加。这主要由于低温期间兔舍的通风不良,空气质量差和湿度大造成的。

3. 獭兔对温度的要求 獭兔是恒温动物,獭兔的正常体温为 38.5℃~39.5℃。但是其对体温的调节能力是有限的。獭兔汗腺退化,被毛浓密。因此,耐受寒冷而惧怕高温。理想的环境温度随着年龄的变化而变化,成年兔 15℃~25℃,肥育兔 18℃~24℃,仔兔 1~5 日龄为 30℃~32℃,5~10 日龄为 25℃~30℃。獭兔的临界环境温度为 5℃ 和 30℃。也就是说,低于 5℃ 和高于 30℃ 对獭兔产生不良影响。

(二)湿 度

湿度是用以表示空气中水汽含量多少的指数,也就是说,空气中所含水汽的多少叫湿度。在一定温度下,空气中所含的水分是有限的,这个限度被称为饱和点。由于大气的流动,太阳的辐射和天气的变化,空气湿度总是在不断地变化的。

空气湿度的表示方法有多种,如水汽压、相对湿度、绝对湿度、饱和差和露点等,其中相对湿度是最为常用的衡量空气湿度的指标。相对湿度是指空气中实际水汽压(绝对湿度)与同温度下饱和水汽压(最大湿度)之比,用百分率表示。

$$相对湿度(\%) = \frac{实际水汽压}{饱和水汽压} \times 100\%$$

相对湿度的大小,直接反映空气中水汽含量距离饱和的程度。相对湿度越小,表明空气中水汽含量离饱和越远;相对湿度接近100%时,表明空气中水汽含量接近于饱和。

1. 湿度对獭兔的影响 獭兔适宜的空气湿度为60%～65%,高于这个湿度即称为高湿度。当空气湿度大时,獭兔的蒸发散热量减少,因此在高温高湿的环境下,机体散热更为困难。无论温度高低,高湿度对体热调节都是不利的,而低湿则可减轻高温和低温的不良作用。

高湿不利于兔舍保温,有助于粪便的分解和有害气体的产生;高温高湿的环境有利于病原微生物和寄生虫的孳生、发育,使獭兔易患球虫病、疥癣病、霉菌病和湿疹等皮肤病,还很容易使饲料发霉而引起霉菌毒素中毒;在低温高湿的条件下,獭兔易患各种呼吸道疾病(感冒、咳嗽、气管炎及风湿病等)和消化道疾病,特别是幼兔易患腹泻。如果湿度过小,空气过于干燥,也对獭兔不利。兔舍内尘土飞扬,难以保持卫生;低湿使黏膜干裂,降低兔对病原微生物的防御能力。

2. 獭兔对湿度的要求 獭兔适宜的空气湿度为60%～65%,在这个范围内有助于獭兔健康和环境控制。

(三)有害气体

兔舍内的有害气体主要包括氨气、硫化氢、一氧化碳和过量的二氧化碳气体。有害气体的来源有二:一是獭兔饲养过程中呼出的气体;二是排泄物、分泌物和抛弃的饲料、垫草等有机物的分解产物释放到兔舍内。一般空气的成分相当稳定,含有78.09%氮、20.95%氧、0.03%二氧化碳和0.0012%

氨,以及一些惰性气体与臭氧等。兔舍内空气成分会因通风状况、獭兔数量与密度、舍温、微生物数量与作用等的变化而变化,特别是在通风不良时,容易使兔舍内有害气体的浓度升高。这些有害气体浓度的高低,直接影响到獭兔的健康。

1. 有害气体对獭兔的影响 獭兔对氨气特别敏感,在潮湿温暖的环境中,没有及时清除的兔粪尿会被细菌分解,产生大量的氨气等有害气体。兔舍内温度越高,饲养密度越大,有害气体浓度越大。獭兔对空气成分比对湿度更为敏感,空气中的氨气被兔子吸进后,先刺激鼻、喉和支气管黏膜,引起一系列防御呼吸反射,并分泌大量的浆液和黏液,使黏膜面保持湿润,由于黏膜面湿润,氨气又正好溶解于其中,变成强碱性的氢氧化铵而刺激黏膜,从而造成局部炎症。当兔舍内氨气浓度超过 20~30 厘米^3/米^3 时,常常会诱发各种呼吸道疾病、眼病,生长缓慢,尤其可引起巴氏杆菌病蔓延。当舍内氨气浓度达到 50 厘米^3/米^3 时,獭兔呼吸频率减慢,流泪和鼻塞;达到 100 厘米^3/米^3 时,会使眼泪、鼻涕和口涎显著增多。獭兔对二氧化碳的耐受力比其他家畜低得多。因此,控制兔舍内有害气体的含量,对獭兔的健康生长十分重要。

2. 兔舍内有害气体的允许范围 兔舍内有害气体允许的浓度为:氨(NH_3)<30 厘米^3/米^3、二氧化碳(CO_2)<3 500 厘米^3/米^3、硫化氢(H_2S)<10 厘米^3/米^3 和一氧化碳(CO)<24 厘米^3/米^3。

(四)通 风

1. 通风对獭兔的影响 兔舍通风的好坏对兔舍环境的卫生管理及兔的生长关系十分密切,对獭兔的健康产生重大影响。通风不仅可以调节温度、降低湿度,而且有利于送入新鲜空气和排出污浊空气、灰尘。在夏季,兔舍要加强通风;在冬季,通风的目的在于换气。因此,对通风量的大小、风速的高低应根据季节和兔舍内单位面积的饲养量酌情控制。

2. 通风标准 兔舍内的气流速度标准:春、秋季节一般要求兔舍内的气流速度不得超过0.5米/秒,夏季以0.4米/秒、冬季以不超过0.2米/秒为宜。

通风的标准一个是气流速度,另一个是通风换气量。下面列出法国温带地区兔舍的通风换气参数(表3-1),供参考。

表3-1 法国温带地区兔舍通风参数

(资料来源:Morisst,1981)

温度(℃)	湿度(%)	风速(米/秒)	换气量(米^3/小时·千克活重)
12~15	60~65	0.10~0.15	1(活重1.5千克)
16~18	70~75	0.15~0.20	2(活重2.5千克)
19~22	75~80	0.20~0.30	3(活重3.5千克)
22~25	80	0.30~0.40	4(活重4.5千克)

(五)光 照

1. 光照对獭兔的影响 光照对獭兔的生理机能产生重要影响。如光照可以提高兔体新陈代谢,增进食欲,使红细胞和血红蛋白含量有所增加;光照还可以使獭兔表皮里的7-脱氢胆固醇转变为维生素D_3,维生素D_3能促进兔体内的钙磷代谢。但獭兔对光照的反应远没有对温度及有害气体敏感。实践表明,光照对生长兔的日增重和饲料报酬影响较小,而对獭兔的繁殖性能和肥育效果影响较大。此外,光照还影响到獭兔季节性换毛。阳光能够杀菌,并可使兔舍干燥,有助于预防兔病。在寒冷季节,阳光还有助于提高舍温。

据试验,繁殖母兔每天光照14~16小时,可获得最佳繁殖效果,接受人工光照的成年母兔的断奶仔兔数要比自然光照的多8%~10%。而公兔害怕长时间光照,如每天给公兔光照16小时,会导致公兔睾丸体积缩小,重量减轻,精子数量减少。因此,公兔每日光照以8~12小时为宜。另据试验,如每日连续24小时光照,会引起獭兔繁殖功能紊乱。仔兔和幼兔需要光照较少,尤其仔兔,一般每天8小时弱光即可。肥育兔每天光照8小时。

2. 獭兔对光照的要求 獭兔对光照强度也有要求。一般适宜的光照强度约为20勒克斯。繁殖母兔需要的光照强度要大些,可用20~30勒克斯,而肥育兔只需要8勒克斯。

(六)噪 声

噪声的大小以分贝表示。分贝是声压级的大小单位(符号:dB),声音压力每增加一倍,声压量级增加6分贝。1分贝是人类耳朵刚刚能听到的声音,20分贝以下的声音,一般来说,我们认为它是安静的。20~40分贝大约是情侣耳边的喃喃细语,40~60分贝属于我们正常的交谈声音,60分贝以上就属于吵闹范围了,70分贝我们就可以认为它是很吵的,而且开始损害听力神经,90分贝以上就会使听力受损,而呆在100~120分贝的空间内,如无意外,1分钟人类就得暂时性失聪(致聋)。

由此可以得出,对机体产生不适影响的声音称为噪声。在医学上将大于60分贝的声音划为噪声。

1. 噪声对獭兔的影响 噪声能对动物的听觉器官、内脏器官和中枢神经系统造成病理性变化和损伤。根据测定,120~130分贝(dB)的噪声能引起动物听觉器官的病理性变化,130~150分贝的噪声能引起动物听觉器官的损伤和其他器官的病理性变化,150分贝以上的噪声能造成动物内脏器官发生损伤,甚至死亡。大量试验表明,强噪声能引起动物死亡。噪声声压级越高,使动物死亡的时间越短。獭兔胆小怕惊,突然的噪声可引起妊娠母兔流产或胚胎死亡数增加,哺乳母兔拒绝哺乳,严重时会咬死自己所生的仔兔。

2. 兔舍噪声标准 獭兔的噪声标准尚未制定。但试验兔的标准为60分贝(dB)。因此,可参照执行。

(七)灰 尘

灰尘是指粒径小于20目(<0.920毫米),分散于兔场不同区域(位置、功能区)的表面固体颗粒物。包括飘浮尘埃、饲料粉尘、垫草、土壤微粒、被毛和皮肤的碎屑等,它们多携带着多种病原微生物,一般直径为0.1~10微米。其中在5微米以下的危害最大。

灰尘是兔场主要的污染源之一。兔舍中的灰尘含有大量的细小微粒物,所引起的危害可以是急性的,也可以是长期作用产生慢性中毒。这些物质除对呼吸道有直接物理性刺激和致病作用外,更可成为病原体的载体,对病原体起到保护和散布作用。兔舍空气中微生物含量与灰尘含量高度相关。空气中微生物主要是大肠杆菌、球菌以及一些霉菌及其毒素等,在某些情况下,也载有兔瘟病毒和真菌孢子等。兔舍空气中微生物浓度与灰尘浓度趋势一致,也受舍内温度、湿度和紫外线照射的影响。其中对獭兔健康有重大影响的是生物性颗粒物,其中包括尘螨、动物皮毛尘、真菌等。这些生物主要存活于灰尘中,其中1克灰尘甚至可附着800只螨虫。空气中的灰尘含量因通风状况、舍内温度、地面条件、饲料形式等而变化。

二、养殖环境因子的控制技术

(一)温度的控制

1. 高温的控制 控制环境高温,可从3个方面入手。第一,降低外界高温对兔舍的影响;第二,减少兔舍内的热能产生;第三,加强兔舍内的热量放散等。

首先,可通过兔舍的合理设计和选用适宜保温建筑材料,减少外源热能的进入。比如增加墙体厚度和建筑材料的隔热能力,尤其是墙体和舍顶的隔热;兔舍外表颜色深度影响吸热量,可将舍顶和阳面外墙涂成浅色增加反光系数;也可在兔舍前方植树,上方覆盖植藤蔓植物,以植物折光吸光减轻兔舍热压力等。在兔舍的上方和阳面拉上遮阳网,可有效降低热辐射;在一些山区,可通过山洞避暑;在平原地区,可通过地下舍降温。

其次,降低饲养密度,可减少热能的产生;及时清理粪尿,可降低有机物发酵产热。

第三,可通过加强通风、安装空调或增加湿帘增加兔舍内散热。

2. 低温的控制 在寒冷季节对兔舍采取适当保温和增温措施。一方面注意兔舍建筑材料的选择和科学设计,以增强保温隔热能力;另一方面须加强门窗的管理,减少散热。在寒冷地区,兔舍内可安装暖风炉、土暖气、空调等增温。

值得注意的是,保温和通风换气除湿形成矛盾,应统筹兼顾,不可顾此失彼。

(二)湿度的控制

高湿和低湿对獭兔都不利,但在生产中对獭兔的危害主要来自于高湿。控制兔舍内的湿度是生产中的一大难题,也是非做不可的工作。

兔舍内的湿度来自于舍外空气、地面蒸发、獭兔的粪尿和呼吸、饮水、地面冲刷和液体消毒。控制兔舍湿度可采取以下措施。

第一,严格控制兔舍内用水。尽量不要用水冲洗兔舍内的地面和兔笼。兔子的水盆或自动饮水器要固定好,防止兔子拱翻水盆或损坏自动饮水器,以免搞湿兔舍和兔笼。生产中很多兔场自动饮水器质量差,滴水漏水造成舍内潮湿。在高湿季节,尽量不用喷雾消毒,宜用火焰消毒。

第二,及时清理粪尿,尽量不让粪、尿积存在兔舍内。

第三,加强通风,及时排出水汽及污浊气体,保持兔舍内空气新鲜。

第四,当空气的湿度大时,可在兔舍内地面上撒干草木灰或生石灰,不仅除湿,还可吸附有害气体,净化舍内环境。

笔者研究表明,采取无粪沟式兔舍可有效降低兔舍湿度。即在兔舍内不设粪尿沟,在每层承粪板下安装接粪槽,将所有的粪尿集中在槽里,并收集到接粪槽中间或一端的垃圾桶里,及时清除到舍外。

当腹泻发生时,兔舍内的湿度难以保持。控制獭兔腹泻病,是降低兔舍内湿度的有效办法。

(三)通风和有害气体的控制

兔舍内有害气体的控制可从减少有害气体的产生和加速

有害气体的排除两个方面入手。

1. **减少有害气体的产生** 一是降低兔舍湿度,降低兔舍内的温度,抑制微生物的分解;二是调整日粮配方,保证营养平衡,提高饲料的利用率,减少营养通过粪便排出;三是及时清理粪便,缩短粪便在兔舍内的存放时间;四是保障獭兔健康,减少分泌物(如鼻腔分泌物、眼睛分泌物、阴道分泌物、皮肤分泌物和脱落物等)的产生。此外,根据笔者试验,在饲料或饮水中添加微生态制剂,可有效控制粪尿的分解,降低兔舍有害气体含量。

2. **加速有害气体的排出** 主要是加强兔舍通风换气。一般兔舍,在夏季可打开门窗自然通风;也可在兔舍内安装吊扇进行通风,冬季兔舍要靠通风装置加强换气,天气晴朗、室外温度较高时,也可打开门窗进行通风。密闭式兔舍完全靠通风装置换气,但应根据兔场所在地区的气候、季节、饲养密度等严格控制通风量和风速。如有条件,也可使用控氨仪来控制通风装置进行通风换气。控氨仪有一个对氨气浓度变化特别敏感的探头,当氨气浓度超标时,会发出信号。如舍内氨的浓度超过30厘米^3/米^{3}时,通风装置即自行开动。可将控氨仪与控温仪连接,使舍内氨气的浓度在不超过允许水平时,保持较适宜的温度范围。

通风方式有自然通风和机械通风两种。

自然通风是指不需要机械设备,借助于自然界的风压和热压,产生空气流动,通过兔舍的门、窗等进行气体交换。自然通风适合温暖地区和寒冷地区的温暖季节。

当自然通风不能满足獭兔生产需要时,须借助通风机械设备进行强制性通风,即机械通风。机械通风按照通风方式分为正压通风、负压通风和联合式通风3种。正压通风是指风机将外面的新鲜空气强制性送入兔舍内,将舍内气压升高,使污浊气体通过风口排出的换气方式。这种通风方式可将外界空气进行预热、冷却和过滤,以保证兔舍内的适宜环境。负压通风是指利用风机将兔舍内的污浊空气抽出,使兔舍内的气压降低,外界的新鲜空气通过进气口进入兔舍。联合式通风是以上两种通风方式的结合,一般兔舍空间很大、特别是兔舍纵轴较长时采用。

(四)光照的控制

光照分人工光照和自然光照,前者指用各种灯光,后者指日照。开放式和半开放式兔舍一般采用自然光照,要求兔舍门窗的采光面积应占地面面积的15%左右,阳光入射角不低于$25°\sim30°$。在短日照季节还需要人工补充光照。密闭式兔舍完全采用人工光照,室内照明要求光照强度达到$75\sim300$勒克斯。给獭兔供光多采用白炽灯或日光灯,以日光灯供光为佳,既提供了必要的光照强度,而且耗电较少,但安装投入较高。光照时间和光照强度由人工控制。光照时间的长短只需通过按时开关灯来加以控制,一般光照时间为明暗各12小时或明13小时、暗11小时。同时注意人工供光时光线分布要均匀。

提供光照应注意几个问题:第一,光照的均匀度。兔笼不同位置、不同层次和高度,光照往往不均匀。因此,安装照明工具要认真考虑位置、高度和数量。一般灯具不宜安装在笼具的正上方,这样会影响最下层笼具的照明,可安装在走道的上方,呈梅花状分布,且高度要适宜;第二,灯光的开启和关闭最好为渐进式,即安装可调式开关,防止突然光照或突然黑暗对兔子造成的应激,尤其是大灯泡强照明的情况下更应注意;

第三,灯具应定时清理,防止沉积灰尘影响照明效率。

(五)噪声的控制

兔场噪声来源于3个方面:一是场外。如车辆的鸣笛、建筑噪声、燃放鞭炮、电闪雷鸣等;二是兔场内部。如饲养管理人员的大声喧哗、广播喇叭或电视音响、兔场生产活动(饲料生产、机器轰鸣、车辆等)、狗的吠叫等;三是兔舍内獭兔本身。獭兔是很安静的动物,声带不发达,很少发出声响。但当受到威胁时也可发出刺耳的声音,如公兔间的相互厮咬、腿脚或身体的某部位被卡等危急关头发出强烈的挣扎呼救声;陌生人或动物的接近时,以强有力的后肢拍击踏板引起的全群躁动等。

由于噪声对獭兔的危害很大,因此,控制噪声从兴建兔舍时就周密安排。兔场一定要远离高噪声区,如公路、铁路、工矿企业等。平时尽量保持舍内安静,饲养管理人员在兔舍内操作,要尽量避免发生噪声。每逢节假喜庆日,兔场切不可放鞭炮。同时要避免狗、猫等的惊扰。

(六)灰尘的控制

为了减少兔舍中灰尘与微生物的含量,兔舍应尽量避免使用土地面。注意保持舍内的适宜湿度,防止舍内过分干燥。饲喂粉料时,要将粉料充分拌湿;在兔舍地面清扫时,决不可用大扫帚强力舞动,也不可用力将承粪板上的粪便用力扫落,并将粪球打破。兔舍适宜的通风是降低灰尘的有效措施。此外,在兔舍周围种植草皮,也可使空气中的含尘量减少5%左右。

第四章 獭兔繁殖技术标准化

一、獭兔的种群结构

兔群是发展獭兔生产和扩大再生产的基础,不管规模大小,形式如何,合理的兔群结构,对獭兔的生长发育、繁殖性能及经济效益都有一定的影响。凡具有一定规模的兔场,其兔群结构在一定阶段需保持相对的稳定性。合理的兔群结构是由一定数量和一定比例的种母兔、种公兔和后备公母兔所组成。不同生产目的兔场的种群结构有所不同。

(一)种群结构的合理确定

1个兔场种群结构的确定取决于4个因素。

1. 生产目的 如果是以保种为目的的兔场,多以从国外引进的良种或自己培育的新品种(系),种兔质量达到较高而性能相对稳定状态,为了防止群体的退化和变异,需要增加种兔的利用年限,延长时代间隔,缩小公母比例。而以商品生产为目的的兔场,要求在较短的时间内生产大量的商品后代,尽量挖掘种兔的生产潜力。因此,年繁殖胎数尽量多,而利用年限缩短。而以生产种兔为目的的兔场,其情况介于二者之间。

2. 利用年限 獭兔的寿命在 6 年以上(最高可达十几年),而繁殖年限在 4 年以上。但经济利用年限取决于对种兔的利用频率或利用强度,同时与饲养管理有很大关系。不同的生产目的、不同的生产方式和不同的兔场,对种兔的利用强度是不同的。一般来说,獭兔在 12 胎以内繁殖性能比较稳定,超过 12 胎则性能下降明显。因此,如果年繁殖 6 胎,经济利用年限应该是 2 年;如果年繁殖 4 胎,经济利用年限则为 3 年。当然,如果年繁殖 9~10 胎,即在短短的时间内使母兔连续进行频密繁殖,这样的繁殖模式,母兔的利用年限只能在 1 年左右。

3. 公母比例 公母比例取决于配种方式、繁殖强度和生产目的。本交和人工授精对公母比例的要求相差悬殊。一般情况下,人工授精所需的公兔仅为本交的 10%~20%;繁殖强度大,对公兔的利用量也大,公兔数量适当增加。

4. 群体大小 兔群规模对于兔群结构产生一定影响。一个小的群体(如基础母兔在 120 只以内),为了保持种群的延续而避免近交,必须保持种公兔一定的比例,即种公母比例就在 1∶8 以上。而一个规模较大的群体,不存在近交退化的风险,可按照常规比例进行,即公母比例为 1∶8~10。

(二)不同兔场的种群结构

1. 商品兔场 母兔年繁殖 6 胎以上,利用年限 2 年,公母比例 1∶8~10,年更新率 50%,在上半年和下半年分别更新 1 次,每次更新 25%。因此,兔群结构为:6~12 月龄 25%,1~2 岁 50%,2~2.5 岁 25%。

2. 繁殖兔场 母兔年繁殖 5 胎,利用年限 2.5 年,公母比例 1∶8,年更新率 40%,分别在上、下半年各更新 20%。因此,兔群结构为:6~12 月龄 20%,1~2.5 岁 60%,2.5~3 岁 20%。

3. 保种兔场 母兔年繁殖 4 胎,利用年限 3~4 年,公母比例 1∶6 左右,年更新率 25%~33%,同样在上、下半年各更新 1/2。因此，兔群结构：6～12 月龄 12.5%～16.5%，1～2.5 岁 33.5%～37.5%，2.5～3.5 岁 33.5%～37.5%，3.5～4.5 岁 12.5%～16.5%。

(三)合理建立兔群结构须注意的问题

第一，建立合理的兔群结构对于兔场工作计划的制定和兔群正常运转是十分重要的。一般应明确初配时间、年繁殖胎数、公母比例和利用年限，根据以上几个问题确定年更新率、更新数量和更新时间。以上更新率仅仅是理论数值，实际生产中，有 10%～15% 的种兔由于疾病或性能表现等原因而被中途淘汰，因此，在工作计划制定时要留有余地。

第二，后备兔补充到种兔群一般每年大批进行 2 次。后备兔的年龄应在 5～6 月龄。此时被选中的进入繁殖群，没有被选中的作为商品兔处理。后备兔，补充得过早过晚都是不合适的。过早尚未到配种时间，过晚进入下一次换毛期，同时，饲养时间越长效益越低。由于成年种兔进入季节性换毛，在淘汰时应考虑被毛的脱换。如果 1 年 2 次更新，应该选择冬季 1 次（已换好冬毛），夏季 1 次（已脱掉冬毛）。如果 1 年更新 1 次，最好选择在冬季。

第三，后备兔补充到种兔群，仅仅是根据生长发育速度、体型外貌、系谱资料和被毛品质，但其繁殖性能如何不得而知。因此，补充到种兔群中的数量开始应该多一些，为淘汰公母兔数量的 1.5～2 倍。

第四，更新不仅仅是种兔的淘汰和替换，而且是兔群质量不断提高的过程。更新要及时合理，使种群有一个完整的阶梯结构。更新可以在兔群内部进行，也可由从上一级种兔场调剂。

二、獭兔的繁殖技术标准

(一)发情鉴定技术规范

母兔发情是由卵巢中的卵泡发育成熟引起的,母兔性成熟后,卵巢隔一段时间就会发育一批新的卵泡,成熟的卵泡产生一种激素,叫卵泡素或雌激素,这种激素进入血液中,刺激母兔生殖器官,会引起一系列的生理变化,如外生殖器潮红、肿胀、有黏液分泌等;同时,又刺激中枢神经,使母兔引起性兴奋,如拒食、兴奋不安、喜欢跑跳和隔笼观望、主动接近公兔,甚至爬跨公兔等现象,称为发情。了解母兔发情,并适时配种,是生产中的关键技术之一。这对于提高母兔怀胎率、降低空怀率,在最短的时间内扩大生产规模至关重要。因此,发情鉴定是家兔繁殖技术的首要工作。发情鉴定通过以下三步实现。

第一步,外观表现。发情母兔表现精神不安,食欲减少,甚至废绝,喜欢跑跳,用下颌摩擦餐具,并有叼草筑巢和隔笼观望等特征。如果发现母兔饲槽内的饲料没有消耗或消耗得很少,但精神很好,这就是发情的典型外表特征。

第二步,外阴黏膜检查。将母兔保定,即右手抓住母兔的耳朵和颈部皮肤,将兔取出兔笼,左手掌托住母兔的臀部,使母兔的重心移到左手。左手食指和中指夹住母兔尾巴根部,并往母兔背部翻转,同时大拇指往前下方按压母兔外阴,使其外阴黏膜充分暴露,观察外阴黏膜的颜色、肿胀程度和湿润状况。母兔在不同的发情期,其外阴黏膜呈现有规律的变化(表4-1)。

表 4-1 母兔在不同的发情期外阴黏膜状况

发情时期	外阴黏膜颜色	外阴黏膜肿胀程度	外阴黏膜湿润状况	备注
休情期	苍白	萎缩	干燥	当阴道炎和外阴炎时外阴黏膜也发生红肿和湿润现象;子宫炎症外阴黏膜出现肿胀和局部红紫色,应注意鉴别
发情初期	粉红	稍肿胀	有黏液分泌	
发情中期	大红	极度肿胀	大量黏液分泌	
发情末期	黑紫	肿胀逐渐消失	黏液分泌减少	

第三步,放对试情。将母兔放入公兔笼中,若母兔处于发情中期,母兔会主动接近公兔。如公兔性欲不强,母兔会咬舔公兔,甚至爬跨公兔进行调情。当公兔追逐并爬跨时,母兔愿意接受,并主动将后躯升高。若母兔未进入发情中期,如果放入公兔笼内,则不让交配,跑躲甚至与公兔发生咬斗,即便公兔追逐并爬跨时,母兔爬伏不动,并用尾巴紧紧掩盖外阴部。

生产实践中,在外观表现的基础上,检查母兔的外阴黏膜颜色,根据其颜色的状况决定放对与否。根据实践经验,将配种时机总结为以下顺口溜:粉红早,黑紫迟,大红配种正当时。

(二)发情规律特殊性的认识

獭兔性成熟后,每隔一定时间卵巢内就会成熟一批卵泡,使其发情,如果未经交配刺激便不能排卵,这些成熟的卵泡在雌激素和孕激素的协同作用下会逐渐萎缩、退化。而后,新的卵泡又开始发育成熟、发情,使母兔总是处于周期性发情—休情—发情—休情—发情……的变化状态。从上一个发情开始至下一个发情开始,为一个发情周期。母兔的发情周期不同于其他家畜,有其特殊性。认识这些特殊性,掌握其发情规律,对于提高发情率和受胎率是很有必要的。

1. 发情周期的不固定性 长期以来，人们对母兔的发情周期有不同的认识。有人认为，母兔发情没有周期性，在母兔的卵巢上经常存在着数量不等的成熟卵泡，因此任何时候配种均可受胎，但受胎率低，产仔数少；还有人认为，母兔发情有周期性，只是规律性差而已。母兔的发情容易受到外界环境的影响，如天气、温度、营养、光照、公兔效应（公兔的气味、行为、爬跨等）、人为因素（捕捉、按摩、剪毛、疫苗注射、投喂药物等）、哺乳、疾病等，都会使母兔的发情期提前或延后。

2. 发情不完全性 完全发情包括三大生理变化，即母兔的精神变化和交配欲、卵巢变化和生殖道变化。当发情时缺乏某方面的变化，称为不完全发情。不完全发情出现的几率冬季高于春季，营养不佳高于营养良好，老龄兔和青年兔高于壮龄兔，泌乳期高于空怀期，公母混养时高于母兔单养，体型过大者高于中等和小型个体。

3. 发情无季节性 獭兔经长期的人工驯化和选育，其繁殖已没有严格的季节性，只要提供合适的环境，一年四季均可繁殖。但是，在粗放饲养条件下，由于四季的更替、气候的变化、温度的高低及其他因素的影响，春季的繁殖力高于其他季节。

4. 产后发情 母兔分娩后即普遍发情，远远早于其他家畜，此时配种受胎率很高，尤其是公母混养时表现更为突出。此后，由于泌乳量的增加和膘情下降等原因，发情不明显，受胎率下降。

5. 断乳后普遍发情 泌乳对卵巢活动有一定的抑制作用，母兔在泌乳期间发情不明显，尤其是在泌乳高峰期更不容易出现发情。当仔兔断奶后，这种抑制作用被解除，经3～5天普遍出现发情。

(三)人工辅助配种技术规范

所谓人工辅助交配,即平时种公、母兔分别单笼饲养,当母兔发情需要配种时,按照配种计划将其放入选定的公兔笼内配种。配种结束后,再将母兔放回原笼,并做好记录。此法目前在我国被大多数兔场普遍采用。其优点:可按照计划进行配种,避免了近亲交配、乱配和早配,可保持兔群的质量和生产出品质优良的仔兔;可人为的合理安排配种次数,减少了种公兔体力消耗,有利于保持种公兔的性活动功能,延长了种兔使用年限,有利于公兔的健康;由于减少了公、母兔之间的接触,因而减少或避免了疾病的传播。其缺点是比自由交配费工费时,劳动强度大,需要有一定经验的饲养人员及时发现母兔发情,做好发情鉴定并安排配种。

1. 人工辅助配种的过程　经过鉴定,将处于发情中期的母兔放入预定的公兔笼内后,公兔上前嗅闻母兔的外阴部,做出调情姿势并发出特异声音等一系列求偶行为。公兔随即追逐爬跨母兔。处于发情期的母兔,遇到公兔追逐时,可能会躲避片刻,然后举尾迎合。公兔爬上母兔的后躯,用前爪紧紧抱住母兔的腹部将阴茎插入母兔的阴道后立即射精,并发出"咕咕"的叫声。然后后肢蜷缩,倒向一侧,配种即告结束,此时即可将母兔放回原笼。

2. 人工辅助配种应注意的问题

第一,配种前应对种兔健康状况进行认真检查,凡是瘦弱和患病的种兔,特别是患有生殖道疾病、皮肤病(如疥癣、小孢子真菌病)及传染病时,不能参加配种。长途运输之后、病愈不久、注射疫苗后等,不能马上配种。

第二,为了预防交配导致的生殖器官疾病,如发现种兔

(公兔和母兔)外阴部有污物,应进行清理和消毒。

第三,配种活动必须在公兔笼内进行,以防环境改变,公兔不能适应新环境而造成精神紧张、精力分散,影响配种效果。配种用的公兔笼要宽敞,提前将食槽、水槽取出。脚踏板如果间隙过大或强度不足,务必垫一块木板,以防种兔的脚卡在里面造成骨折。配种过程中要保持环境安静,禁止陌生人围观和大声喧哗。

第四,为了提高配种效果,配种时间是一个值得注意的问题。经验表明,春、秋两季安排在日出和日落前后,冬季在中午,夏季在清晨和夜间配种。一般在配种半小时以后喂食或喂食半小时以后再配种,以保证其食欲和消化功能正常。

第五,如果母兔爬伏不动,不接受交配,可采取手托法人工辅助配种。即一手抓住母兔两耳及颈肩部皮肤,一手伸到母兔腹下,将其后躯托起,迎合公兔交配;如果母兔尾巴拒不上举,可采用牵线法人工辅助配种。即用一根细绳拴住母兔的尾巴尖部,将绳子的另一端沿母兔的背部绕过,由固定头颈部的手控制,将母兔尾巴轻轻上拉,露出外阴。用另一只手伸到母兔腹下,托起后躯迎合公兔交配。

第六,如果母兔拒不接受交配或公兔对母兔不感兴趣,或经过一番爬跨没有成功,可更换公兔。此时应注意,不可将这只母兔直接放入另一只公兔笼内,要待前一只公兔的气味散尽后(约15分钟以后),再放到另一只公兔笼内。否则,会因母兔身上留有其他公兔气味而引起公兔的误会,发生咬斗现象。

第七,配种成功后,应在母兔的臀部猛击一掌,使之肌肉收缩,防止精液外流。如发现母兔在配种之后排尿,应予以补配。

第八,及时填写配种记录,以便安排后期工作。

第九,公兔的配种强度要适宜。壮龄公兔一般日配1~2次,连续2~3天休息1天。青年公兔和老年公兔要减少配种次数。如果发现公兔食欲减退,配种懈怠,每次配种的时间延长,说明使用强度过大,应暂时休息或减少配种次数。平时要定期对公兔进行精液品质检查,及时分析配种记录,发现问题及时解决。对于精液品质不良的公兔应及时淘汰。如果发现配种受胎率普遍降低,说明饲养管理中存在问题,应全面分析查找原因。

第十,为了提高母兔的受胎率和产仔数,可用同一只公兔在第一次交配后4小时再复配1次。商品獭兔生产,可使用2只公兔与1只母兔交配,即双重配,间隔时间15分钟以上。根据法国克里莫专家介绍,母兔在1个发情期一般交配2次,即第一次交配之后不立即取走母兔,让同一只公兔交配第二次后再将母兔取走,不仅实现了复配提高受胎率和产仔数的效果,而且减少一次捕捉母兔的程序,降低了劳动强度。

(四)人工授精技术规范

人工授精,即利用一定的器械采集公兔的精液,并借助输精器将精液输入母兔的生殖道内使其受胎的一种配种方式。

1. 人工授精的优点

(1)有利于种群质量提高 人工授精首先选用的是兔群中最优秀的公兔参加配种,这样能充分发挥优良种公兔的作用,加快良种推广,防止兔群退化,保证兔群质量。人工授精是在严格的选种和选配,有计划地繁殖基础上进行的,可克服自由交配和无计划繁殖的某些缺点,如公母混养,群交乱配、近亲交配,或过早交配、过早怀孕等不良现象;另外,精液采集之后，要进行精液品质鉴定，凡不合乎要求的精液一律不得输精，从而保证了每次为发情母兔输入精液的质量和配种受胎率，并有利于家兔的育种工作。

（2）减少种公兔的饲养量和饲养成本　用自然交配法配种，1只公兔一次只能与1只母兔交配，兔群中的公母比例一般为1∶8～10。而用人工授精的方法配种，一次采集的精液经稀释后可为5～10只母兔输精，1只公兔可担负100只以上母兔的配种任务。不仅对兔群的改良发挥积极作用，而且减少了公兔的饲养数量，降低了饲养成本，提高了经济效益。

（3）减少疾病的传播　人工授精原则上是无菌操作，因而防止了一些疾病由于本交造成的在公、母兔之间乃至全群的传播，尤其是容易通过交配传染的皮肤病和生殖器官疾病。

（4）有利于规模化生产　规模化生产是獭兔生产的发展趋势。而其前提条件必须实现同期配种、同期分娩、同期断奶、同期肥育和同期出栏。以上五个同期的基础或首要条件是同期发情配种。只有采用人工授精技术，才能实现后面的同期，进而实现生产管理程序化和产品质量规格化。因而，这也是獭兔繁殖技术发展的必然。

（5）技术便于推广　与其他家畜的人工授精相比，家兔人工授精设备简单，投资少，操作方便，技术便于推广。

2. 人工授精操作程序

人工授精的操作程序主要包括精液的采集、精液品质检查、精液的稀释和保存、输精等几项技术。

（1）采精　采集精液的方法有按摩法、电击法、假台兔法和假阴道法，其中假阴道法最为常用。采精前应准备好采精器，目前我国没有标准的兔用采精器，可自己制作。采精器由外壳、内胎和集精杯3部分组成。外壳可用直径1.8～2.0厘米、长6厘米的橡胶管,将两端截齐,磨去棱角和毛边即可;内胎可用3.0~3.3厘米的人用避孕套;集精杯可用瓶口外径与外壳内径相吻合的青霉素小瓶。使用前先将采精器用清水冲洗,再用肥皂水清洗,然后用清水冲洗,最后用生理盐水冲洗。将避孕套放入外壳中,将盲端剪去一截,并翻转与外壳一端用橡皮筋固定好,提起内胎的另一端,往内胎与外壳之间的夹层注满45℃左右的温水,然后再将内胎外翻,同样用橡皮筋固定于外壳的另一端。最后将集精杯安上,并尽量往里推,使夹层里的水推向另一端,增加内胎的压力,使入口处形成"Y"形。用消过毒的温度计测量内胎里的温度,能达到40℃时,便可采精。

采精时选1只发情母兔作台兔放在公兔笼内,待公兔爬跨后将其推下,反复2~3次,以提高公兔性欲,促进性腺的分泌,增加射精量和精子活力。之后操作者一手抓住台兔的耳朵及颈部的皮肤,一手握住采精器伸到台兔的腹下,将假阴道口紧贴在台兔外阴部的下面,突出约1厘米,其角度与公兔阴茎挺出的角度一致。当公兔的阴茎反复抽动时操作者应及时调整采精器的角度,使阴茎顺利进入假阴道内。公兔射精后,应立即将采精器的口端抬高,使精液流入集精杯内,迅速从台兔腹下抽出,竖直采精器,取下集精杯,并将粘在内胎口处的精液引入集精杯,加盖粘上标签,送到人工授精室内进行精液品质的检查。

(2)精液品质检查 精液品质与人工授精效果密切相关,精液稀释的倍数也必须根据精液的品质来确定。因此,采精后首先要对精液的品质进行检查。主要检查的项目有:射精量、色泽、气味、pH值、精子密度、精子活力、精子形态等。

①射精量:是指公兔一次射出的精液数量,可从带有刻

度的集精杯上直接读出。集精杯上无刻度时,需倒入带有刻度的小量筒内读数。正常情况下成年公兔一次射精量约为1毫升左右,射精量与品种、体型、年龄、营养状况、采精技术、采精频率等有关。

②色泽和气味:正常精液的颜色为乳白色或灰白色,浑浊而不透明,稍有腥味(前列腺等附性腺分泌物的气味),但无臭味和其他异味。精子密度越大,浑浊度越大。肉眼观察精液为红色、绿色、黄色等颜色者均属于不正常色泽,有尿味、臭味或其他异味等均不可使用,应查明原因。

③pH值:一般用精密pH值试纸测定,正常精液的pH值接近中性(6.6~7.6),过高或过低均属于不正常。如果pH值偏高,可能是公兔生殖器官有疾患,不宜使用。

④精子密度:指单位体积精液内精子的数量。检查精子密度可判定精液优劣程度和确定稀释倍数,精子密度越大越好。测定精子密度的方法有估测法和计数法。

生产中常用估测法,即依据显微镜视野中精子间的间隙大小来估测精子的密度,分为密、中、稀3个等级。显微镜下精子布满整个视野,精子与精子之间几乎没有任何间隙,其密度可定为"密";若视野中所观察的精子间有能容纳1~2个精子的间隙,其密度可定为"中";若视野中所观察的精子间有能容纳3个或3个以上精子的间隙,其密度可定为"稀"。据测定,采用估测法被定为"密"的精液,每毫升中含10亿个以上精子;密度为"中"的精液,每毫升中含1亿~9亿个精子;密度为"稀"的精液,每毫升中所含精子数不足1亿个。

计数法,即借助血细胞计数板较精确地计算出单位体积中精子的数量。

其具体方法如下:先将血细胞计数板推上盖玻片,用血细胞吸管吸取精液至"0.5"刻度处,并将吸管外壁精液拭去。再吸取3‰氯化钠溶液至"11"刻度处,以拇指和食指分别堵住吸管两端,充分震荡混合。然后弃去吸管前端数滴混合液,将吸管尖端谨慎地放在计数板与盖片之间的空隙边缘,使吸管中的混合液被自然吸入并充满计数室。在计数板25个中方格中,按5点取样法(即四个角和中央)取5个中方格,依次计数出每个中方格内16个小方格的精子数。计数时,以精子头部为准,凡精子的头部压在方格边线者,采取"数上不数下,数左不数右"的原则,以免遗漏或重复计数。最后按以下公式计算出精子密度。

精子密度 = 5个中方格内的精子数 $\times 10^6$

为了准确测定精子的密度,应连续取样,测定2次,取其平均数。如果前2次所测的数据差距较大,应测3次。

⑤精子活力:指做直线运动的精子占精子总数的比率。精子密度和精子活力都是评定精液品质的重要指标,精液品质越好,其活力越高。

测定精子活力需借助显微镜,其方法是:在30℃室温下,取一滴精液于干燥洁净的载玻片上,加盖片后,置于显微镜下放大200~400倍观察。若精子100%呈直线运动,其活力定为1.0;若60%的精子呈直线运动,其活力定为0.6,依此类推。如果多个视野内均无一个精子呈直线运动,其活力为0。在评定精子活力时,应注意环境的温度和空气中是否有其他异味。低温和空气中含有大量的挥发性化学物质,都会影响精子的活力。獭兔新鲜精液的活力一般为0.7~0.8,用于输精的常温精液的活力要求在0.6以上,冷冻精液精子活力在0.3以上。

⑥精子形态:正常的獭兔精子由1个圆形的头和1个长

长的尾巴组成,形似蝌蚪。精子形态检查主要观察畸形精子率,即形态异常(如有头无尾、有尾无头、双头、双尾、头部特大、头部特小、尾部卷曲等)的精子数占精子总数的比率。其方法是:做一精液抹片,自然干燥后,用红蓝墨水或伊红染色3～5分钟,冲洗晾干后,在400～600倍显微镜下,从数个视野中统计不少于500个精子中畸形精子的数,并按下列公式计算畸形率。

精子畸形率=(畸形精子数÷观察精子总数)×100%

正常精液中畸形精子不应超过20%。

对于专业育种场还应定期测定精子在体外环境中的存活时间和生存指数。

(3)精液稀释 稀释精液的目的在于增加精液量,增加输精母兔数量,提高优良种公兔的利用率。同时,稀释液中的某些成分还具有营养和保护作用,起到缓冲精液酸碱度、防止杂菌污染、延长精子存活的作用。常用的稀释液有以下几种。

①生理盐水稀释液:0.9%的医用生理盐水。

②葡萄糖稀释液:5%的医用葡萄糖溶液。

③牛奶稀释液:用鲜牛奶加热至沸,保持15～20分钟,晾至室温,用4层纱布过滤。

④蔗糖奶粉稀释液:取蔗糖5.5克、奶粉2.5克、磷酸二氢钠0.41克、磷酸氢二钠1.69克、青霉素和链霉素各10万单位,加双蒸馏水至100毫升使之充分溶解后再过滤。

⑤第五,葡萄糖、蔗糖稀释液:取葡萄糖7克、蔗糖11克、氯化钠0.9克、青霉素和链霉素各10万单位,加双蒸馏水至100毫升使之充分溶解后再过滤。

稀释倍数根据精子密度、精子活力和输入精子数而定,通常稀释3～5倍。稀释时应掌握"三等一缓"的原则,即等温

（30℃～35℃）、等渗（0.986％）和等值（pH6.4～7.8），缓慢将稀释液沿杯壁注入精液中，并轻轻摇匀。配制稀释液的用品、用具应严格消毒，精液稀释后应再进行一次活力测定，如果差距不大，可立即输精。否则，应查明原因，并重新采精、测定和稀释。

（4）输精 家兔是诱发排卵动物，对发情母兔人工授精前需进行诱发排卵处理。生产中多注射激素诱导排卵。对欲配母兔可耳静脉或肌内注射促排卵素 2 号（LRH-A2）或促排卵素 3 号（LRH-A3）3～7 微克，或绒毛膜促性腺激素（HCG）50 万单位，或促黄体素（LH）10 万～20 万单位，在注射后 5 小时内输精。对未发情的母兔先用孕马血清促性腺激素（PMSG），每天皮下注射 120 万单位，连续 2 天，待母兔发情后再做诱发排卵处理。

输精器可用专门的器械，也可以玻璃滴管代替，口端用酒精喷灯烧圆，按输精母兔的数量（1 兔 1 支）备齐，消毒后待用。

为了减少捉兔次数和减轻对母兔的刺激，输精最好与注射诱导排卵激素同时进行。通常一次的输精量为 0.2～1 毫升稀释后的精液，其有效精子数应为 0.1 亿～0.3 亿个。常用的输精方法有 4 种。

①倒提法：由 2 人操作。助手一手抓住母兔耳朵及颈部皮肤，一手抓住臀部皮肤，使之头向下尾向上。输精员一手提起尾巴，一手持输精器，缓缓将输精器插入阴道深处。

②倒夹法：由 1 人操作。输精员蹲坐在一个高低适中的凳子上，使母兔头向下，轻轻夹在两腿之间，一手提起尾巴，一手持输精器输精。

③仰卧法：输精员一手抓住母兔耳朵及颈部皮肤，使其

腹部向上放在一平台上,一手持输精器输精。

④俯卧法:由助手保定母兔呈俯卧姿势,输精员一手提起尾巴,一手持输精器输精。

为提高母兔的受胎率,在整个输精操作过程中应注意以下几个问题。

第一,输精器械要严格消毒,1只母兔用1支输精器,不能重复使用,待全部操作完毕后清洗、消毒备用。

第二,输精前用蘸有生理盐水的药棉将母兔的外阴擦净。如果外阴污浊,应先用酒精药棉擦洗,再用生理盐水药棉擦拭,最后用脱脂棉擦干。

第三,由于母兔尿道开口在阴道的中部腹侧5~6厘米处,输精器应先沿阴道的背侧插入并下行,越过尿道开口后再向正下方推入,插入深度至7厘米后,即可将精液注入。

第四,如果遇到母兔努责,应暂停输精,待其安静后再输,不可硬往阴道内插入输精器,以免损伤阴道壁。

第五,在注入精液之前,可将输精器前后抽动数次,以刺激母兔,促进生殖道的蠕动。精液注入后,不要立即将输精器抽出,要用手轻轻捏住母兔外阴,缓慢将输精器抽出,并在母兔的臀部拍一下,防止精液逆流。

第六,精液品质受到外界环境的影响而影响精子活力和质量。因此,应尽量缩短从采精至输精之间的时间,这是提高人工授精受胎率的关键环节。

第七,一般来说,人工授精的受胎率不如自然交配高,特别是长期连续使用激素诱导排卵会在母兔体内产生抗体,影响激素诱导排卵的效果。因此,最好人工授精和本交交替进行,以缓解体外激素带来的负面效应。

(五)妊娠诊断技术规范

检查母兔配种后是否受孕,叫妊娠检查。妊娠检查应尽早进行,以便对兔群分类管理,对未孕母兔及时配种,减少空怀时间,提高繁殖率。妊娠检查的方法有以下几种。

1. 外部观察法 母兔妊娠后会有较明显的变化,阴道黏膜苍白、干涩,食欲增强,采食量增加。在配种15天后,妊娠母兔体重明显增加,毛色光润,腹围增大,下腹突出。散养母兔开始打洞,做产仔准备。

2. 称重法 在母兔配种之前和配种后12天分别空腹称重,对比两次体重的差异。一般来说,相差150克以上,其妊娠的可能性较大,体重增加300克以上的,可确认其已经妊娠。由于初配母兔还处在生长发育阶段,无论其是否怀孕,体重都会增加,故此法只适用于成年母兔。

3. 试情法 又称复配法。即在母兔配种后5~7天,将母兔放入公兔笼内,如果接受交配,则认为没有怀孕;如果拒绝交配,则认为已经怀孕。此法不妥之处在于:即便母兔未孕,在5~7天时,未处在发情期,也会拒绝交配;有的兔即便怀孕了也可能接受交配,而造成复孕,或由于精液的刺激而造成早期流产;还有可能发生咬斗,产生不良后果。因此,若用此法一定要严格监护,防止发生意外。

4. 超声波法 应用超声波对动物进行早期妊娠诊断,是把超声波的物理特点和动物组织结构的声学特点密切结合的一种物理学诊断方法。目前应用的诊断仪主要有A超、B超和多普勒超声(D超)3种,它是以高频声波对动物的子宫进行探查,然后将其回波放大后以不同的形式转化成不同的信号显示出来。

(1) A 型超声波法　超声波在母体内传播过程中,当遇到腹壁、子宫壁、胎体和胎儿等,由于它们的声阻抗不同而产生反射,其反射回声信号在示波屏上以波的形式显示出来。动物妊娠后,子宫随着胚胎的发育,胎儿增大而逐渐下沉靠近腹壁,此时超声波就能探查已孕子宫,显示妊娠波型。

(2) B 型超声诊断法　又称实时超声显像法。此法是将回声信号以光点明暗的形式显示出来,属灰度调制(回声强,光点就亮;回声弱,光点就暗)。光点反映组织内各界面反射强弱及声能衰减的规律,由光点构成图像。用于动物妊娠诊断的超声显像仪型号虽多,但都属于线阵(方形图像)或者是扇形(扇面形图像)2 类中的 1 种,当超声仪发射的超声在母体内传播时,穿透子宫、胚泡或胚囊、胎儿等,就会在荧光屏上显示各层次的切面图像来,依此做出诊断。

(3) D 型检测法　又称超声多普勒探查法。此法是应用多普勒效应的原理,即超声探头和反射体之间作相对运动时,其回声频率就会发生改变,此种频率的改变称为频移。频移的程度与相对运动速度成正比,当两者作对向运动时,频率就会增加,其频率增减的数字即频差可用检波器检出,再经低频放大,功率放大而推动扬声器发出多普勒信号音。利用超声多普勒检测仪探查妊娠动物,当发射的超声遇到搏动的母体子宫动脉、胎儿心脏和胎动时,就会产生各种特征性多普勒信号,从而进行妊娠诊断。

利用超声波可对家兔进行早期妊娠诊断,据报道,最早可在配种后 5 天做出判断。但由于仪器昂贵,需要专门的技术人员,因此,对于大型动物或经济动物具有一定的使用价值,而对于家兔来说,使用的价值不大。

5. 摸胎法　是利用手指隔着母兔腹壁触摸胚胎而进行诊

断妊娠的方法。一般在配种8天以后,饲喂前空腹进行。将母兔头部朝向操作者,前后反复抚摸其被毛,待其安静后,一手抓住两耳及颈部皮肤,一手掌心向上,拇指与其余四指分开呈"八"字形,伸到母兔后腹部触摸。空怀的母兔腹部柔软;怀孕母兔可触摸到类似肉球样、可滑动、花生米大小的胚泡。

生产中最常用且简便实用的方法是摸胎法,无论在大型兔场,还是中小型兔场,无论是在国内兔场,还是国外集约型兔场,普遍采用这种方法。摸胎时应注意以下几个问题。

第一,8～10天的胚泡,其大小和形状易与粪球相混淆,应仔细辨认。粪球表面硬而粗糙,无弹性、无肉球样的感觉,分散、面积较大,并于直肠宿粪相接,其大小、形状不随妊娠时间的变化而变化。而胚胎表面光滑,有弹性,有似摸着非摸着的感觉,多呈串状。

第二,妊娠时间不同,胚泡的大小、形状和位置不同。妊娠8～10天,胚泡呈球形,大小如花生米,弹性较强,在腹后中上部,胚泡较集中;13～15天,胚泡仍为球形,似小枣大小,弹性强,位于腹腔后中部;18～20天,胚泡呈椭圆形,似小核桃大,弹性变弱,位于腹腔中部;22～23天,呈长条状,可触摸到胎儿较硬的头骨,位于腹中下部,范围扩大;28天以后,胎儿的头体分明,长6～7厘米,腹围明显增大而下垂,胎儿几乎占据整个腹腔。

第三,不同品种、体型、胎次,胚泡也不尽相同。一般初产母兔胚泡较小,位置靠后上方;经产母兔的胚泡稍大,位置靠下;体型较大且营养状况良好的母兔,胚泡发育较快,与体小且营养不良的母兔相比胚泡大些。

第四,由于獭兔的胃肠容积较大,具有发达的盲肠,占据空间较大,加之妊娠后采食量增大,内容物充满整个腹腔,给摸胎带来一定困难。因此,摸胎最好空腹进行。

第五,摸胎要温、稳、准、轻。所谓温,即捉兔时动作要轻柔,不可硬抓愣拽,强行捕捉;稳,即稳定情绪,抚摸其被毛,使之安静,停止挣扎,然后再摸;准,即动作要规范,手形和触摸的位置都要准确;轻,即触摸时手法要轻,不可将胚泡硬捏,以防胚泡死亡或母兔流产。

第六,注意与子宫瘤和肾脏的区别。子宫瘤虽然也有弹性,但增长速度较慢,一般仅1个。当肿瘤有多个时,大小不一,与胚泡有明显的区别;体型较大而膘情较差时,肾脏周围的脂肪较少,肾脏下垂,使初学者容易与18~20天的胚胎相混淆。

(六)接产技术规范

胎儿在母体内发育成熟之后,经产道排出体外的生理过程称为分娩。母兔在临分娩前有一定的产前症状。多数母兔在临产前数天乳房肿胀,可挤出乳汁,腹部凹陷,尾根和坐骨间韧带松弛,外阴部肿胀充血,黏膜潮红湿润,食欲减少,甚至不吃食。在临产前数小时,也有的在前1~2天便开始衔草营巢,并将胸、腹部的毛用嘴拉下来,衔入巢箱内铺好。母兔分娩时,由于子宫的收缩和阵痛,表现精神不安,四爪刨地、顿足、拱背努责,排出羊水等。最后呈犬卧姿势,仔兔依次连同胎衣等一起产出。母兔边产边将仔兔脐带咬断,并将胎衣吃掉,同时舔干仔兔身上的血迹和黏液,分娩即告结束,然后跳出巢箱找水喝。

家兔是多胎动物,产仔时间很短,一般产完一窝仔兔只需20~30分钟。但也有个别母兔,产下一批仔兔后,间隔数小时或者翌日再产第二批仔兔。因此,在母兔分娩完之后,最好检查一下所产仔兔的数量。如若发现仔兔过少时,要检查一下母兔的腹部内是否还有仔兔,最后把所有的仔兔放在温暖和安全的地方,以防冻死或被老鼠伤害。

母兔的妊娠期多为31～32天,产前应做好接产的准备工作。一般在妊娠的第28天,将消过毒的产箱放入母兔笼内,里面放些柔软而干燥的垫草,让母兔熟悉环境,防止将仔兔产在产箱外。

母兔产前多拉毛做窝,但有一些初产母兔及个别经产母兔不会拉毛,对此可在产前人工诱导拉毛或辅助拉毛。具体方法是:将母兔保定好,腹部向上,将其乳头周围的毛拔下一些,放在产箱里,这样可诱导母兔自己拉毛。对于产前没有拉毛的母兔,可在产后人工辅助拉毛。需要注意的是,无论是在产前还是产后,拉毛面积不可过大,动作要轻,切记不可硬拉而使母兔的皮肤或乳房受伤,也防止对母兔的刺激太强。

寒冷的冬季产仔,很容易将初生仔兔冻死。在兔舍整体保温不良的情况下,可单独准备1间产房,以一定的方式保持适宜的环境温度。将产前母兔提前移到产房。同样,如果在夏季产仔,天气炎热,在兔舍整体降温不良的情况下,最好准备1间有空调的产房,以给妊娠后期和围产期的母兔及初生仔兔一个舒适的生存环境。产房作为周转房使用,这种方式投资较少,而对于提高仔兔在恶劣季节的成活率具有良好效果。

精神紧张,易受惊吓是分娩中母兔的神经特点。分娩时务必保持环境安静,禁止陌生人围观和大声喧哗,更不可让其他动物闯入。

母兔产前应为其备好一些温开水放在笼内,若能备些麸皮淡盐水(含盐量0.5%～0.75%)或红糖水更好。母兔产后口渴,将仔兔掩护好后便出来找水喝,此时如果没有水喝,有可能返回产箱将仔兔吃掉。

母兔产仔夜间所占的比例较大,因为夜间安静,但经过长期培育的现代兔种白天分娩的比例有逐渐增加的趋势。如果母兔正值白天产仔,可用麻袋或草帘将窗户掩盖,或盖在母兔的笼子上面,以保持较暗的环境条件,防止强光直射。

母兔产后管理也比较重要。待母兔分娩完后可将产箱取出,清点仔兔数,清除死胎、弱胎及污物,换上新垫草。检查仔兔是否已经吃过奶,如果仔兔胃内无乳,应在6小时内人工辅助哺乳。

(七)人工催产技术规范

一般情况下母兔产仔比较顺利,不需要催产。但是在个别情况下需要进行催产处理。比如,妊娠期已达到32天以上,还没有任何分娩的迹象;有的母兔由于产力不足(仔兔发育不良,活动量小或个别仔兔是死胎,不能刺激子宫肌产生有力的收缩或蠕动,或母兔体力不支,不能顺利产出胎儿等),而不能在正常的时间内分娩结束;母兔怀的仔兔数少(1~3只),在30天或31天没有产仔,惟恐仔兔发育过大而造成难产;个别母兔有食仔恶癖,防止其"旧病复发",需要在人工监护下产仔;冬季繁殖,兔舍温度较低,若夜间产仔,仔兔有被冻死的危险等,在上述需要人工护理等情况下,有必要进行人工催产。人工催产有两种方法,一是激素催产,二是诱导分娩。

1. 催产素法 选用人用催产素(脑垂体后叶素)注射液,每只母兔肌内注射3~4单位,约10分钟左右便可产仔。

催产素可刺激子宫肌强直收缩,用量一定要得当。应根据母兔的体型大小、怀仔兔数的多少而灵活掌握。一般体型较大和怀仔兔数较少者适当加大用量,体型较小和胎儿数较多者应减少用量。

如因胎位不正而造成的难产(如横生),不能轻易采用激素催产。应将胎位调整后再行激素处理。

激素催产见效快,母兔的产程短,要注意人工护理。

2. 诱导分娩法 诱导分娩是通过外力作用于母兔,诱导催产激素的释放和子宫及胎儿的运动,而顺利将胎儿娩出的过程。按程序分以下四步。

第一步,拔毛。将产前母兔轻轻取出,置于干净而平坦的地面或操作台上,左手抓住母兔的耳朵及颈部皮肤,并使之翻转身体,腹部向上,右手拇指和食指及中指捏住乳头周围的毛,一小撮一小撮地拔掉。拔毛面积为每个乳头 12~13 厘米^2,即以乳头为圆心,以 2 厘米为半径划圆,拔掉圆内的毛即可。

第二步,吮乳。选择产后 5~10 天的仔兔 1 窝,仔兔数 5 只以上(以 8 只左右为宜)。仔兔应发育正常,无疾病,6 小时之内没有吃奶。将这窝仔兔连同其巢箱一起取出,把待催产并拔好毛的母兔放入巢箱内,轻轻保定母兔,防止其跑出或踏蹬仔兔。让仔兔吃奶 5 分钟,然后将母兔取出。

第三步,按摩。用干净的毛巾在温水里浸泡,拧干后以右手拿毛巾伸到母兔腹下,轻轻按摩 0.5~1 分钟,同时手感母兔腹壁的变化

第四步,观察和护理。将母兔放入已经消毒和铺好垫草的产箱内,仔细观察母兔的表现。一般 6~12 分钟母兔即可分娩。由于母兔分娩的速度很快,母兔来不及一一认真护理其仔兔,因此,如果天气寒冷,可将仔兔口鼻处的黏液清理掉,用干毛巾擦干身上的羊水。分娩结束后,清理血液污染的垫

草和被毛,换上干净的垫草,整理巢箱,将拔下来的被毛盖在仔兔身上,将产箱放在较温暖的地方。另外,给母兔备好饮水,将其放回原笼,让其安静休息。诱导分娩应注意的问题有以下几点。

其一,诱导分娩是獭兔分娩的辅助手段,是在迫不得已的情况下才采取。因此,不可不分情况随意采用。因诱导分娩过程对母兔是一种应激,而且其第一次的初乳被其他仔兔所食,这样对其仔兔都有一定的影响。

其二,诱导分娩必须查看配种记录和妊娠检查记录,并再次摸胎,以确定母兔的妊娠期。怀胎数少者可提前诱导分娩。比如仅怀1~2个小兔,可在29~30天进行诱导。

其三,诱导分娩是通过仔兔吮吸母兔乳汁和刺激乳头,反射性地引起脑垂体释放催产素而作用于子宫肌,使之紧张性增加,与胎儿相互作用而发生分娩。因此,仔兔吮乳刺激的强度是诱导分娩成功的先决条件。仔兔纯粹吃奶时间不应低于3分钟,但也不可超过5分钟。仔兔日龄不宜过大,以防对母兔乳头刺激过强。刚刚吃过奶的仔兔不可用于诱导分娩。按摩时要注意卫生和按摩强度。应轻轻按摩,有节律地上托腹肌和按摩腹壁及乳头,刺激子宫肌和胎儿的运动。

其四,诱导分娩见效快,有时仔兔还在吃奶或吃奶刚刚结束便分娩,有时在按摩时便开始产仔,而且产程比自然分娩的时间短,必须加强护理,特别是在寒冷的冬季。

三、獭兔繁殖的技术指标

(一)初配年龄或体重

初配年龄又称适配年龄。是指獭兔在性成熟以后,身体的各个器官基本发育完备,体重达到一定水平,适宜配种繁殖后代的年龄。由于獭兔的性成熟比体成熟约早1/2的时间,小兔在达到性成熟时,正处于生长发育阶段,过早配种繁殖不仅影响本身的生长发育和后代质量,还会造成种兔的早衰。在生产中一般以体重作为确定配种年龄的标准,即达到成年体重的70%(商品獭兔生产)或75%(种兔生产)以上时即可配种。根据生产经验,獭兔在6月龄左右,体重达到3千克左右即可配种。商品生产可适当提前半个月左右,种兔生产可错后半个月左右。

(二)情期受胎率

情期受胎率是指兔群在一个发情周期内配种受胎母兔占整个参加配种母兔的比例。其计算公式如下。

$$情期受胎率(\%) = \frac{受胎母兔只数}{参加配种的母兔总只数} \times 100\%。$$

情期受胎率受到众多因素的影响。如身体状况、发情时期、生理状态、配种方法和配种技术、公兔精液品质、季节和管理条件等。

母兔的体质健壮、膘情适中,配种受胎率高;而瘦弱或肥胖的母兔空怀率必然升高。发情中期的受胎率高于初期和后期。由于獭兔的卵巢活动的特殊性,在卵巢表面经常有不同发育阶段的卵泡。因此,在非发情期实行强制配种,也有一定的受胎率,只不过受胎率较低而已;空怀期受胎率一般高于泌乳期,这是由于泌乳对于卵泡的发育有一定的抑制作用;人工授精情况下受胎率低于本交,而采取一次交配的受胎率低于复配和双重配。根据笔者经验,每增加1次配种,对母兔增加1次排卵刺激,受胎率提高5～10个百分点,但配种次数超过3次意义不大。同样的种兔和环境,有经验的饲养员操作配种,受胎率就高,而经验欠缺的饲养员的效果就较差,可见,配种技术对提高受胎率有一定作用。配种受胎率不仅仅取决于母兔,公兔精液品质至关重要;在目前我国生产条件下,季节对配种受胎率影响很大。无论是南方,还是北方,春季的配种受胎率总是高于其他季节。尤其是我国南部地区,夏季和秋季的受胎率较低。这主要是高温对公兔睾丸功能的破坏作用造成的。饲养管理条件影响配种效果,而这种条件包括温度、湿度、光照、密度、通风、噪声和卫生状况。在良好的饲养条件下,獭兔机体的各项功能处于最佳状态,对配种受胎率乃至胎儿的发育等均有良好的影响。否则,繁殖不会有理想效果。

獭兔的受胎率没有标准规定,根据生产经验,制定受胎率的参考数据,见表4-2。

表4-2 獭兔情期受胎率参考指标

配种方式	生理阶段	一般水平	理想水平	备注
本交	空怀期	75%	90%	壮年兔较青年兔和老龄兔高5～10个百分点;春季较其他季节高5～20个百分点;发情中期较其他各期高10～20个百分点
	泌乳期	65%	80%	
人工授精	空怀期	60%	80%	
	泌乳期	50%	70%	

(三)胎均产仔数

胎均产仔数是指在一定的时期,群体产仔总只数与产仔总胎数的比值;胎均产活仔数是指在一定的时期,群体产活仔总只数与产仔总胎数的比值。计算公式为:

胎均产仔数(只)= 产仔总只数/产仔总胎数

胎均产活仔数(只)=产活仔总只数/产仔总胎数

胎均产仔数和胎均产活仔数一般在1个季节计算1次,每年进行1次总的统计。但是在特殊情况下,应随时进行计算或统计。如某一节段,群体的胎均产仔数和胎均产活仔数明显低于正常年份,应及时进行统计,查找原因,提出解决的办法。

影响胎均产仔数的原因很多。如品种(品系)、胎次、营养水平、膘情和体质健康状况、体重大小、发情状态、配种次数和配种技术、季节、环境温度、公兔精液品质等。

不同的品种(品系)胎均产仔数有较大的差异。就目前我国饲养的几个品系来说,美系獭兔以及含有美系獭兔血液较多的品系,胎产仔数较多;而德系獭兔和含有德系獭兔血统较多的品系,产仔数低一些;法系獭兔居中。一般来说,第一胎的产仔数较少,第三胎以后高而稳定,12胎以后明显降低。

营养水平适中有利于用獭兔健康和卵巢的活动,胎产仔数正常,营养水平过高和过低均影响产仔数。值得注意的是,根据笔者观察,粗纤维水平与胎均产仔数有直接的关系。粗纤维水平较高的兔场,胎均产仔数偏高。而饲料中粗纤维含量较低而能量水平较高的兔场,产仔数往往偏低。大量的事实表明,农村家庭兔场,以青粗饲料为主,能量水平偏低,其产仔数往往高于工厂化养兔。这一现象表明,母兔日粮中适当增加粗纤维,减少体内脂肪的囤积,有利于提高胎均产仔数。在日粮营养中,还应特别注意维生素和微量元素的含量,尤其是维生素 A、维生素 E 和微量元素硒等,对于产仔数等繁殖性能有重大影响。

母兔的膘情和健康状况对产仔数的影响不言而喻。理想的膘情即种用体况,不肥不瘦,也就是平时所说的八成膘,可保持较高的繁殖性能。过肥和过瘦的体质,都影响母兔的产仔数。任何疾病都将对繁殖性能有影响,尤其是生殖系统疾病,不仅影响受胎率和产仔数,严重时还将使种兔丧失繁殖能力。在生殖系统疾病中,尤其是卵巢疾病和子宫疾病,直接影响卵泡的发育、受胎和正常妊娠。

体重对獭兔的胎均产仔数有重大影响。很多饲养者热衷于培育大型獭兔,认为体重越大越好,这种认识是片面的。根据笔者研究,獭兔产仔数随着体重的增加而下降,繁殖的最理想体重是 3.25~4.0 千克,过小和过大对产仔数均有影响,尤其是体重过大,百害而无一利。体重达到 5 千克以上的獭兔,不仅胎均产仔数少,而且发情不明显,难以配种,受胎率低,年产胎数少,利用年限短。因此,不能仅仅看外表,更重要的是看效果,依此确定最经济的繁殖体重。

正如上面所述,发情状态、配种次数和配种技术等,不仅影响配种受胎率,还显著影响产仔数。产仔数的多少,首先取决于母兔的有效排卵数,其次是所排卵子与精子的结合情况,第三就是胚胎在母兔妊娠期的存活率。凡是影响以上 3 个问题的所有因素,都将影响产仔数。发情状态是母兔卵巢活动的外在表现,发情中期是最佳的配种时机;增加配种次数就增加了对母兔排卵的刺激,使母兔的有效排卵数增加。良好的配种技术,可以使所有的有利因素进行组合,提高受胎率和产仔数。

獭兔的繁殖能力（包括产仔数）有明显的季节性。春季最高，夏末至秋初最低。公兔的精液品质与母兔的繁殖力一样，有着明显的季节性。而母兔的繁殖能力更多的情况下是受公兔精液品质的制约。尤其是所谓的"夏季不孕"，其最主要原因是夏季公兔睾丸生精功能受到高温的严重破坏。

此外，凡是影响胚胎发育的因素均可影响胎产仔数。比如，妊娠早期高温和能量水平过高，均可造成早期胚胎的死亡；饲料中的霉菌毒素和药物，会在妊娠的全过程对胚胎造成威胁。

獭兔正常的和理想的胎均产仔数是7～8只，低于5只属于低产，而高于10只会由于母乳不足而影响仔兔的发育和成活率。

（四）胎均产活仔数

胎均产活仔数是指在一定的时期，群体产活仔总只数与产仔总胎数的比值。计算公式为：

胎均产活仔数（只）＝产活仔总只数／产仔总胎数

正常情况下死胎率是很低的。但是生产中经常发现个别兔场的死胎率总是居高不下。影响胎均产活仔数的因素很多，按造成死胎的时间顺序，可分为以下三类：第一，产前死亡。即胎儿在母体内的发育过程中，由于种种原因而中止发育，如药物中毒、毒素中毒、机械损伤、代谢障碍等。第二，产中死亡。即胎儿在母体内发育正常，而在分娩的过程中，由于种种原因造成死亡，如胎位不正、胎儿过大等所造成的难产等。第三，产后死亡。即母兔正常分娩，将胎儿顺利产出，但由于种种原因，胎儿产出后很快死亡，如环境恶化所造成的受冻，尤其是弱胎很容易在产后短期死亡。产后死亡不属于死胎的范围,但由于多数情况下母兔产后不能及时检查和发现死胎,因此,将产后死亡也误划为死胎的范围。

根据笔者研究,将死胎原因分为以下 10 种。

其一,霉菌毒素中毒。由于饲料发霉,霉菌毒素造成的死胎。造成中毒的主要是曲霉属的霉菌感染引起,其中最主要和常见的是烟曲霉,其他如黄曲霉、构巢曲霉、灰绿曲霉及黑曲霉等偶然也能感染发病。笔者所接触的死胎 3000 多胎次中,约 1/2 左右是由于霉菌毒素中毒所致。发霉饲料主要为粗饲料,如花生皮、红薯秧、花生秧、青干草、麦麸、酒糟,以及含水过高的精饲料,如玉米等,近年来非干进干出的小型颗粒机压制的颗粒饲料造成的饲料发霉,也不应忽视。

其二,喹乙醇中毒。近年来,由于大量添加喹乙醇而造成獭兔死胎屡见不鲜。喹乙醇是 1965 年由原西德拜耳公司首先发现了它对动物的促生长作用,后来发现其具有良好的抗菌作用,对于革兰氏阴性菌(如大肠杆菌、沙门氏菌、志贺氏菌和变形杆菌)特别敏感,对于革兰氏阳性菌(如葡萄球菌、链球菌)的最小抑菌浓度 50~100 微克/毫升,也优于金霉素。因此,被广泛应用于动物生产和防治疾病。过去我们对于喹乙醇的毒副作用认识不足,因而盲目使用和大量、长期使用而造成獭兔中毒。据笔者调查,目前獭兔生产中喹乙醇的用量有些兔场每 100 千克饲料添加量达到 100 克,有的甚至加到 200 克以上,是正常用量的 20~40 倍。因而,中毒现象不可避免。据笔者所接触到的 3000 多胎次中,喹乙醇中毒的约占 30% 左右。

其三,棉酚中毒。棉酚是棉籽色素腺体中的主要黄色色素,主要存在于棉属植物的种子内,通常色素腺体占棉仁总重量的 2.4%~4.8%,其中棉酚占色素腺体总重量的 20.6%~

39%。棉酚类色素中,游离棉酚、棉紫酚、棉绿酚、二氨基棉酚等均有毒性。游离棉酚的毒性虽然不是最强,但因其含量远比其他几种色素为高,所以,棉籽饼粕的毒性主要取决于游离棉酚的含量。兔是对棉酚最为敏感的动物之一,其对棉酚的耐受性远比复胃动物牛和羊要低得多。据资料介绍,棉酚造成动物中毒的途径有四,第一,直接刺激胃肠黏膜而发炎,进入血液后损伤心、肝、肾等实质器官;第二,与蛋白质和铁结合,影响一些酶的活性和造成缺铁性贫血;第三,影响雄性动物的生殖功能,造成繁殖功能降低或公畜不育;第四,致使维生素A缺乏和低血钾症。根据笔者调查,普通棉籽饼占日粮10%以上,就可造成积累性中毒,15%以上很容易中毒。中毒的症状多种,其中死胎是其中之一。

其四,营养缺乏。母兔妊娠期需要大量的营养,以满足胎儿发育的需要。一些必需营养的缺乏会造成胎儿发育受阻,严重缺乏也会造成弱胎和死胎。生产中造成死胎的营养缺乏主要有维生素A和维生素E,微量元素碘和硒等。一般来说,营养严重缺乏时方可造成死胎,此类死胎在一些兔场偶有发生,约占死胎数的5%左右。

其五,妊娠毒血症。母兔在妊娠后期或产后,经常出现食欲不振或废绝。而此时由于胎儿发育和泌乳的需要,致使母兔自身体蛋白和体脂肪的分解,产生酮体(乙酰乙酸、β-羟基丁酸及丙酮酸),当酮体的产生与分解不协调时,会造成酮血症。不仅影响胎儿的发育,造成死胎,严重者可造成母兔死亡。妊娠前期母兔过肥,饲料单一,蛋白质含量过高,或营养水平低,都将诱发本病的发生。此类死胎约占5%左右。

其六,病菌感染。母兔在妊娠期,尤其是在妊娠后期,受到某些病原菌的袭扰而发病,均有导致妊娠中止和产生死胎的可能。如钩端螺旋体、链球菌、葡萄球菌、巴氏杆菌、沙门氏菌、布氏杆菌、附红细胞体病和弓形体等可引起胚胎死亡。

其七,产程过长。当胎儿发育过大,妊娠期延长,母兔产仔困难,胎儿在产道内停留时间过长,产道压迫脐带,造成胎儿供氧不足而窒息死亡。这类病例多发生于怀胎数少和早期配种的初产母兔。约占死胎总数的8%左右。

其八,遗传性疾病。由于某些致死或半致死基因的重合、染色体畸形等,使母兔在妊娠后期胎儿发育停止。规模较小、血缘关系较近的兔群出现此类病症的几率较大。

其九,年龄。公兔和母兔的年龄过大,精子和卵子的质量下降,也会造成胎儿发育不良和死胎。

其十,其他因素。如妊娠期母兔受到惊吓或机械损伤,体内外因素导致体液酸碱失调(如饲喂大量的酸性饲料),感染或非感染因素导致体温升高,大量使用抗生素和化学药物等。

正常情况下獭兔的活仔率应该在95%左右,也就是说,死胎率控制在5%左右,超过10%属于不正常,应及时查找原因和采取相应措施。

(五)母兔21天泌乳力

仔兔的断奶体重、断奶成活率和断奶后的存活率及生长速度在很大程度上取决于母兔的泌乳力。研究表明,仔兔在21日龄以前采食的植物性饲料很少,主要以母乳作为营养的来源。在此阶段,仔兔每获取2克母乳,增加1克体重。而且,母兔21天的泌乳量与整个泌乳期的泌乳量呈高度正相关。因此,习惯上将母兔产后3周的泌乳量称为母兔泌乳力,以21日龄仔兔窝增重表示。

影响母兔泌乳力的因素很多,概括起来有以下几种。

1. 胎次 研究表明,母兔的泌乳力与胎次有关。正常情况下,第一胎的泌乳力较低,3胎以后趋于正常,一直持续10胎左右,此后急剧下降。

2. 年龄 母兔的年龄与泌乳力有直接关系。习惯上将种兔年龄划分为青年、壮年和老年。1岁以下为青年,1~2.5岁为壮年,2.5岁以上为老年。壮年种兔的泌乳力最高。

3. 初配月龄 初配月龄极大地影响泌乳能力。配种过早严重影响产后泌乳。很多情况下配种过早造成产后无乳。其原因在于小母兔正处于生长发育阶段,如果此时妊娠,造成自身生长发育和胎儿生长发育的矛盾,使乳腺发育和泌乳受到严重抑制而造成无乳或泌乳不足。但是,过晚初配也会影响母兔的泌乳力。由此可见,适时配种是很重要的。

4. 产仔数 胎产仔数影响母乳的泌乳力。众多研究表明,产仔数少,母兔的泌乳量少,随着产仔数的增加,母兔的泌乳力也在增加。但是正常的产仔数(7~8只)可使母兔的泌乳力达到最佳状态,产仔数过多泌乳不会有大的增加。

5. 营养水平 不言而喻,母乳的营养来源于饲料。饲料的营养水平、营养平衡状况对母兔的泌乳力有决定作用。母兔的乳汁营养价值高和营养全面,只有全价饲料才能保证母兔乳汁的合成。在众多营养中,能量、蛋白质、维生素、微量元素、矿物质等尤为重要。蛋白质中要特别强调限制性氨基酸(蛋氨酸和赖氨酸)以及各种必需氨基酸之间的平衡;在维生素中,应特别强调维生素A、维生素E和维生素D;在微量元素中,强调铁、铜、锌、锰、硒和碘;在矿物质中,强调钙、磷和食盐。不仅要注意它们的绝对数量,更要强调各营养之间的平衡和协调。

6. 遗传因素 笔者研究发现,21天泌乳力在品系之间有一定差异,同一品系不同个体之间也存在较大差异,说明泌乳力受到遗传因素的影响。通过在高泌乳力的母兔后代留种,可提高群体的泌乳能力。泌乳力与母性有关,通过选择是有效的。

7. 管理技术 生产中发现,不同的饲养员管理的兔群泌乳力有一定差异。这表明饲养管理技术对于母兔的泌乳力是有影响的。而这种技术主要体现在对兔群管理的精细程度和因兔制宜的能力。

8. 泌乳期妊娠 母兔在泌乳期妊娠,无疑对泌乳力有一定影响。而这种影响一方面体现在营养,即泌乳和妊娠对影响需求的矛盾,同时也体现在配种过程中反复捕捉和配种对母兔的影响。妊娠对泌乳的影响程度与妊娠时间有关。产后配种越早,对泌乳力的影响越大。尤其是血配(产后2日内配种)对泌乳力影响最大。而在泌乳中后期配种,对泌乳力影响较小。

9. 疾病和药物 母兔在泌乳期发生任何疾病均会影响泌乳力,尤其是乳房疾病(如乳房炎),不仅影响本次的泌乳力,有可能造成终身丧失泌乳能力。在泌乳期用药,无论是对疾病的治疗,还是对疾病的预防性投药,对泌乳均有一定影响。笔者主张,一般情况下尽量在母兔的泌乳期不用药物,尤其是不可大量使用抗生素和有毒副作用的化学药物。当然,在泌乳初期,对个别泌乳量较少的母兔适当使用中药催乳是可以的。

10. 应激因素 泌乳受到神经和体液的双重调节,凡是影响精神和激素分泌的任何因素,均可影响母兔的泌乳力。生产中经常发现,当母兔受到应激后,精神或情绪受到影响,当日的泌乳量明显降低。因此,要保证母兔在泌乳期有一个舒适安逸的生活环境,保证母兔的福利条件,使其精神舒畅,在不受到外来干扰因素的影响下哺喂自己的仔兔。特别注意,在母兔泌乳期,尽量不去触摸仔兔和捕捉母兔,避免噪声、动物闯入和陌生人的接近。尽量让母兔自己给仔兔喂奶,一般不采取人工辅助,更不能强制哺乳。禁止在兔舍大声喧哗和急促跑动,在母兔没有发情的情况下,不要强制配种。在有条件的情况下,可在兔舍播放轻音乐,以创造温馨的环境。

正常情况下,母兔的日泌乳量平均150～200克,高者可达到250克以上。21天泌乳力一般应在3150～4200克,21天窝重在1925～2450克。

(六)28天或35天断奶体重

断奶体重是衡量饲养管理水平和饲料营养状况的一个重要指标,也是衡量种兔母性和生产性能高低的重要指标,并且是断奶成活率和断奶后存活率的重要决定因素。

断奶时间根据繁殖模式不同而略有早晚。生产中早期断奶一般在28天,即4周龄断奶,适于频密繁殖模式;更多的是采取5周龄(35天)断奶。过去有些兔场采取6周龄断奶,不过目前很少采用。

断奶体重取决于断奶日龄,同样受到众多其他因素的制约。凡是影响母兔21天泌乳力的因素,均可影响仔兔的断奶体重,如胎次、年龄、初配月龄、产仔数、营养水平、遗传因素、管理技术、泌乳期妊娠、疾病和药物、应激因素等。此外,哺乳期仔兔的补料是影响仔兔断奶体重的重要因素。

随着母兔泌乳期的延续,到20～21日龄,母兔的泌乳量达到高峰,此后明显降低。而此时仔兔生长发育速度更快,需要的营养更多。仅靠母乳不能满足快速生长对营养的需求,必须进行补料。研究表明,补料越早越多,仔兔断奶体重越大,越能抵抗断奶应激,提高断奶后成活率。因此,一般在16~17日龄开始给仔兔补料。国外集约化兔场多采取随母补料,即与母兔一起采食饲料,不单独补料。在我国大型兔场也多采取这种方式,以降低劳动强度。但在中小型兔场,可采取仔兔单独补料。

仔兔的断奶体重一般为:28天断奶个体重400~500克,断奶窝重2800~3500克;35天断奶个体重500~600克,断奶窝重3500~4200克。如果断奶仔兔数较少,仔兔的断奶个体重较大,但断奶窝重较小。

(七)断奶成活率

断奶成活率是衡量饲养管理水平的一项重要指标,也是判断种兔质量高低的重要依据,是兔场经济效益高低的重要决定因素。

仔兔的断奶成活率受到众多因素的制约。首先受到母兔泌乳力的影响。也就是说,凡是影响母兔泌乳力的因素,均可影响仔兔成活率。如遗传因素、饲料营养、饲养管理技术、胎产仔数、应激因素和母兔疾病等。除此之外,非常重要的两大因素应引起高度重视:环境条件(如温度、湿度、卫生条件等)和产箱垫草情况。

初生仔兔没有体温调节能力,其成活率在很大程度上取决于产后环境的温度。其适宜的温度是30℃~33℃,低温条件下很难成活;产仔箱的湿度对仔兔生存有重大影响。潮湿的产箱环境,不仅不利于仔兔存活,还滋生病原微生物,仔兔在哺乳期最容易发生的疾病有黄尿症、大肠杆菌病、脓毒败血症、巴氏杆菌病和皮肤真菌病等,而这些疾病都与卫生条件和湿度有关。产箱虽然很小，但其结构、材料、形状、大小尺寸和摆放位置以及产箱内的垫草对仔兔成活率有重大影响。仔兔的环境温度，主要是指产箱内的温度，没有良好的产箱和垫草，很难有高的断奶成活率。

正常情况下，仔兔的断奶成活率在90%左右，低于80%说明饲养管理中存在问题，应及时查找原因。

四、獭兔现代繁殖模式

现代养兔与传统养兔无论在生产经营方式、养殖规模和管理程序等方面有很大的区别。在繁殖模式方面应有所创新。

传统养兔，母兔的配种繁殖基本上是什么时候发情，什么时候配种。因此，在一个中等规模的兔场，天天检查，天天配种，天天产仔，天天断奶，很难形成程序化管理、模式化生产和规模化经营。不仅提高了劳动强度，占用更多的劳动时间，而且管理程序繁琐，技术操作难度大，养殖效果不理想。吸收国外养兔发达国家的先进经验，结合我国国情，制定不同的繁殖模式，是提高生产效益的关键技术环节。

所谓繁殖模式，是獭兔在繁殖过程中所遵循的一定的程序，是一个獭兔生产企业对家兔繁殖周期和繁殖频率总的控制程序及其配套技术。也可以说是繁殖周期的长短。獭兔的繁殖周期是指一次分娩到下一次分娩的时间间隔，其核心问题就是母兔产后的配种时间和仔兔断奶时间，母兔产后配种早，仔兔断奶早，则繁殖周期短，反之则繁殖周期长。具体来讲，繁殖模式应包括以下内容：兔群1年繁殖几胎，胎次如何安排，何时配种，何时分娩，何时断奶，产仔间隔如何，采取什么样的配套技术和生产工艺等。

(一)频密式繁殖模式

该模式又称集约式繁殖制度。母兔产后3天内配种(包括分娩的当天),仔兔4周龄或4周龄以前断奶,繁殖周期为31~33天,每年繁殖8胎或8胎以上。生产中长期使用频密式繁殖制度,必须具备几个条件:①保证繁殖母兔的营养需要;②兔舍环境条件符合繁殖母兔的生理需要;③必须有高水平的管理技术,保证断奶仔兔的正常生长、发育和高的成活率;④选用耐频密繁殖性能好的品种。

(二)半频密式繁殖模式

该模式又称半集约式繁殖制度。在母兔泌乳期间进行配种,使泌乳和妊娠同时进行,但使泌乳高峰期和胎儿发育旺盛期错开。一般在产后8~15天配种,仔兔4~5周龄断奶,繁殖周期为35~62天,每年可繁殖5~6胎。

产后不同时间配种,受胎率不同。产后1~2天配种受胎率较高,至第4天达最低水平,这种状态一直持续到产后第14天,之后受胎率又逐渐升高,至断奶时达到较高水平。这种产后不同时间配种受胎率不同的现象,为我们确定不同的繁殖制度提供了理论依据。

(三)延期繁殖模式

母兔产后31天以后配种,一般是在断奶后配种,仔兔5或6周龄断奶,繁殖周期为66~73天,每年可繁殖4胎。

(四)年产六胎复合繁殖模式

该繁殖模式是针对我国中原地带家庭中等规模兔场,夏季由于高温而难以进行配种繁殖,冬季由于缺乏保温设施也难以安排产仔。在这种情况下,抓住春、秋两个黄金季节,充分利用家兔产后发情的生理特点,采取频密繁殖、半频密繁殖和延期繁殖3种繁殖手段有机结合,在1年内繁殖6胎的高效率繁殖方式。具体安排如表4-3所示。

表4-3　1年6胎繁殖模式　(天)

胎次	配种日期	产仔日期	断奶日期	哺乳时间	休养时间
1	2月上旬	3月上旬	4月下旬	30	−28
2	3月上旬	4月上旬	5月上旬	35	−20
3	4月中旬	5月中旬	6月下旬	42	45
4	8月中旬	9月中旬	10月中旬	30	−28
5	9月中旬	10月中旬	11月中旬	35	−20
6	10月下旬	11月下旬	翌年1月上旬	42	30

表中的休养时间是指从小兔断奶到下次配种的间隔时间。负数代表没有休养期,采取频密繁殖或半频密繁殖,泌乳和妊娠的重合时间。

(五)56天繁殖周期模式

将母兔群分为8组,每周给其中一组配种,56天一个繁殖周期,一年繁殖6.5胎。具体安排流程见图4-1和表4-4。

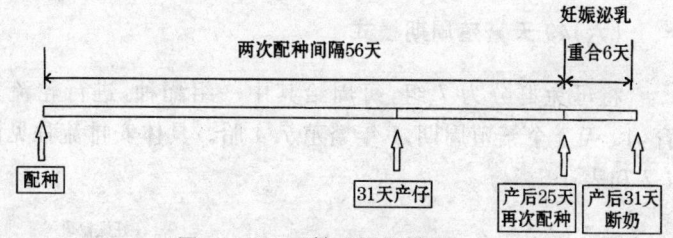

图 4-1　56 天繁殖周期模式

表 4-4　56 天繁殖周期模式工作流程

周次	周一	周二	周三	周四	周五	周六	周日
第一周	配种-1						
第二周	配种-2					摸胎-1	
第三周	配种-3					摸胎-2	
第四周	配种-4					摸胎-3	
第五周	配种-5	放产箱-1		接产-1	接产-1	摸胎-4	
第六周	配种-6	放产箱-2		接产-2	接产-2	摸胎-5	
第七周	配种-7	放产箱-3		接产-3	接产-3	摸胎-6	
第八周	配种-8	放产箱-4	撤产箱-1	接产-4	接产-4	摸胎-7	
第九周	配种-1	放产箱-5	撤产箱-2	接产-5	接产-5	摸胎-8	断奶-1
第十周	配种-2	放产箱-6	撤产箱-3	接产-6	接产-6	摸胎-1	断奶-2
第十一周	配种-3	放产箱-7	撤产箱-4	接产-7	接产-7	摸胎-2	断奶-3
第十二周	配种-4	放产箱-8	撤产箱-5	接产-8	接产-8	摸胎-3	断奶-4
第十三周	配种-5	放产箱-1	撤产箱-6	接产-1	接产-1	摸胎-4	断奶-5
第十四周	配种-6	放产箱-2	撤产箱-7	接产-2	接产-2	摸胎-5	断奶-6
第十五周	配种-7	放产箱-3	撤产箱-8	接产-3	接产-3	摸胎-6	断奶-7
第十六周	配种-8	放产箱-4	撤产箱-1	接产-4	接产-4	摸胎-7	断奶-8
第十七周	配种-1	放产箱-5	撤产箱-2	接产-5	接产-5	摸胎-8	断奶-1

(六)49 天繁殖周期模式

将母兔群分为 7 组,每周给其中一组配种,进行轮流繁育,49 天 1 个繁殖周期,1 年繁殖 7.4 胎。具体安排流程见图 4-2 和表 4-5。

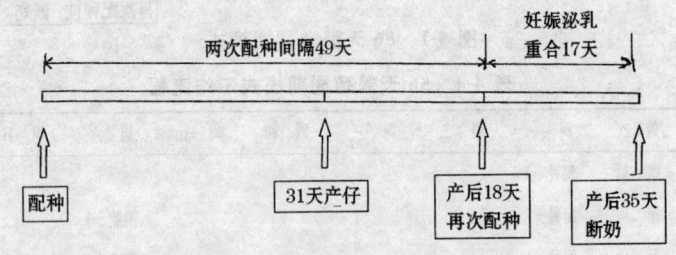

图 4-2　49 天繁殖周期模式

表 4-5　49 天繁殖模式工作流程

周次	周一	周二	周三	周四	周五	周六	周日
第一周	配种-1						
第二周	配种-2					摸胎-1	
第三周	配种-3					摸胎-2	
第四周	配种-4					摸胎-3	
第五周	配种-5	放产箱-1	产仔-1	产仔-1	产仔-1	摸胎-4	
第六周	配种-6	放产箱-2	产仔-2	产仔-2	产仔-2	摸胎-5	
第七周	配种-7	放产箱-3	产仔-3	产仔-3	产仔-3	摸胎-6	
第八周	配种-1	放产箱-4	产仔-4 撤产箱-1	产仔-4	产仔-4	摸胎-7	
第九周	配种-2	放产箱-5	产仔-5 撤产箱-2	产仔-5	产仔-5	摸胎-1	
第十周	配种-3	放产箱-6 断奶	产仔-6 撤产箱-3	产仔-6	产仔-6	摸胎-2	

(七)42天繁殖周期模式

将母兔群分为6组,每周给其中一组配种,42天1个繁殖周期,1年繁殖8.7胎。具体安排流程见图4-3和表4-6。

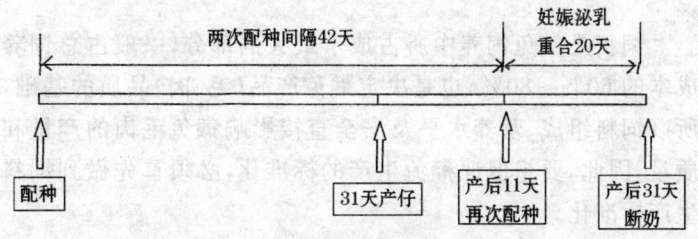

图4-3　42天繁殖周期模式

表4-6　42天繁殖周期模式工作流程

周次	周一	周二	周三	周四	周五	周六	周日
第一周	配种-1						
第二周	配种-2					摸胎-1	
第三周	配种-3					摸胎-2	
第四周	配种-4					摸胎-3	
第五周	配种-5	放产箱-1		接产-1	接产-1	摸胎-4	
第六周	配种-6	放产箱-2		接产-2	接产-2	摸胎-5	
第七周	配种-1	放产箱-3		接产-3	接产-3	摸胎-6	
第八周	配种-2	放产箱-4	撤产箱-1	接产-4	接产-4	摸胎-1	
第九周	配种-3	放产箱-5	撤产箱-2	接产-5	接产-5	摸胎-2	断奶-1
第十周	配种-4	放产箱-6	撤产箱-3	接产-6	接产-6	摸胎-3	断奶-2
第十一周	配种-5	放产箱-1	撤产箱-4	接产-1	接产-1	摸胎-4	断奶-3
第十二周	配种-6	放产箱-2	撤产箱-5	接产-2	接产-2	摸胎-5	断奶-4

第五章 獭兔饲料生产标准化

饲料是獭兔饲养中所占成本最大的部分,一般占总饲养成本的60%~80%,也是决定獭兔产品(毛、肉)品质的基础,所以饲料组成、营养水平及安全直接影响獭兔毛肉的产量和质量,因此,要想保证獭兔生产的标准化,必须首先做到饲料生产标准化。

饲料生产的整个过程包括饲养标准确定,原料选择,配方设计,加工生产,保存运输几个环节,做到各个环节标准化,从而使整个饲料生产按标准化模式进行。

一、饲养标准的确定

饲养标准是根据长期养殖实践积累的经验,结合獭兔的代谢试验,科学地规定出不同种类、品种、年龄、性别、体重、生理阶段、生产水平的兔每天每只所需要的能量和各种营养物质的数量,或每千克日粮中各种营养物质的含量,以营养的形式表述。饲养标准具有一定的科学性和普遍性,是獭兔生产中制定科学日粮配方、组织生产的重要依据。饲养标准不是一成不变的,随着科学的进步、认识的深入、品种的改良和生产水平的变化,还需要不断修订、充实和完善。

关于獭兔的营养需要,目前国内外还没有统一的标准。下面介绍几个不同机构制定的獭兔饲养标准(表5-1,表5-2,表5-3,表5-4),在实际生产中,要依据獭兔品种、生产能力、管理水平、当地的饲料资源选择合理的标准。

表 5-1　NRC 家兔营养需要　（修订版 1980）

养　分	生　长	维　持	妊　娠	泌　乳
消化能(兆焦/千克)	10.46	8.79	10.46	10.46
总消化养分(%)	65	55	58	70
粗纤维(%)	10～12	14	10～12	10～12
脂肪(%)	2	2	2	2
粗蛋白质(%)	16	12	15	17
钙(%)	0.4	—	0.45	0.75
磷(%)	0.22	—	0.37	0.5
镁(毫克/千克)	300～400	300～400	300～400	300～400
钾(%)	0.6	0.6	0.6	0.6
钠(%)	0.2	0.2	0.2	0.2
氯(%)	0.3	0.3	0.3	0.3
铜(毫克/千克)	3	3	3	3
碘(毫克/千克)	0.2	0.2	0.2	0.2
锰(毫克/千克)	8.5	2.5	2.5	2.5
维生素 A(单位/千克)	580	—	＞1160	—
胡萝卜素(毫克/千克)	0.83	—	0.83	—
维生素 E(毫克/千克)	40	—	40	40
维生素 K(毫克/千克)	—	—	0.2	—
烟酸(毫克/千克)	180	—	—	—
维生素 B_6(毫克/千克)	39	—	—	—
胆碱(克/千克)	1.2	—	—	—
赖氨酸(%)	0.65	—	—	—

续表 5-1

养 分	生 长	维 持	妊 娠	泌 乳
蛋氨酸+胱氨酸(%)	0.6	—	—	—
精氨酸(%)	0.6	—	—	—
组氨酸(%)	0.3	—	—	—
亮氨酸(%)	1.1	—	—	—
异亮氨酸(%)	0.6	—	—	—
苯丙氨酸+酪氨酸(%)	1.1	—	—	—
苏氨酸(%)	0.6	—	—	—
色氨酸(%)	0.2	—	—	—
缬氨酸(%)	0.7	—	—	—

表 5-2 德国养兔专家推荐的獭兔饲养标准

营养成分	营养含量
可消化能(焦耳)	11000～12200
可消化养分(TDN)(克)	650
粗蛋白质(%)	16～18
粗脂肪(%)	3～5
粗纤维(%)	7～10
赖氨酸(%)	1.0
含硫氨基酸(%)	0.4～0.6
精氨酸(%)	0.6
钙(%)	1.0
磷(%)	0.5
镁(毫克/千克)	300
氯化钠(%)	0.5～0.7

续表 5-2

营养成分	营养含量
钾(%)	1.0
铜(毫克/千克)	20~200
铁(毫克/千克)	100
锰(毫克/千克)	30
锌(毫克/千克)	50
维生素 A(单位/千克)	8000
维生素 D(单位/千克)	1000
维生素 E(毫克/千克)	40
维生素 K(单位/千克)	1
胆碱(毫克/千克)	1500
烟酸(毫克/千克)	50
维生素 B_6(毫克/千克)	400

表 5-3 獭兔建议营养需要

（杭州养兔中心和浙东獭兔开发公司）

项 目	生长兔	成年兔	妊娠兔	泌乳兔	毛皮成熟期
消化能(兆焦/千克)	10.46	9.20	10.46	11.30	10.46
粗蛋白质(%)	16.5	15	16	08	15
粗脂肪(%)	3	2	3	3	3
粗纤维(%)	14	14	13	12	14
钙(%)	1.0	0.6	1.0	1.0	0.6
磷(%)	0.5	0.4	0.5	0.5	0.4
含硫氨基酸(%)	0.5~0.6	0.3	0.6	0.4~0.5	0.6

续表 5-3

项　目	生长兔	成年兔	妊娠兔	泌乳兔	毛皮成熟期
赖氨酸(%)	0.6~0.8	0.6	0.6~0.8	0.6~0.8	0.6
食盐(%)	0.3~0.5	0.3~0.5	0.3~0.5	0.3~0.5	0.3~0.5
日采食量(克)	150	125	160~180	300	125

表 5-4　獭兔全价饲料营养含量

（河北农业大学山区研究所建议，1998）

项　目	1~3月龄生长獭兔	4月~出栏商品獭兔	哺乳兔	妊娠兔	维持兔
消化能(兆焦/千克)	10.46	9~10.46	10.46	9~10.46	9.0
粗脂肪(%)	3	3	3	3	3
粗纤维(%)	12~14	13~15	12~14	14~16	15~18
粗蛋白质(%)	16~17	15~16	17~18	15~16	13
赖氨酸(%)	0.80	0.65	0.90	0.60	0.40
含硫氨基酸(%)	0.60	0.60	0.60	0.50	0.40
钙(%)	0.85	0.65	1.10	0.80	0.40
磷(%)	0.40	0.35	0.70	0.45	0.30
食盐(%)	0.3~0.5	0.3~0.5	0.3~0.5	0.3~0.5	0.3~0.5
铁(毫克/千克)	70	50	100	50	50
铜(毫克/千克)	20	10	20	10	5
锌(毫克/千克)	70	70	70	70	25
锰(毫克/千克)	10	4	10	4	2.5
钴(毫克/千克)	0.15	0.10	0.15	0.10	0.10
碘(毫克/千克)	0.20	0.20	0.20	0.20	0.10
硒(毫克/千克)	0.25	0.20	0.20	0.20	0.10

续表 5-4

项 目	1~3月龄生长獭兔	4月~出栏商品獭兔	哺乳兔	妊娠兔	维持兔
维生素 A(单位)	10000	8000	12000	12000	5000
维生素 D(单位)	900	900	900	900	900
维生素 E(毫克/千克)	50	50	50	50	25
维生素 K(毫克/千克)	2	2	2	2	0
硫胺素(毫克/千克)	2	0	2	0	0
核黄素(毫克/千克)	6	0	6	0	0
泛酸(毫克/千克)	50	20	50	20	0
吡哆醇(毫克/千克)	2	2	2	0	0
维生素 B_{12}(毫克/千克)	0.02	0.01	0.02	0.01	0
烟酸(毫克/千克)	50	50	50	50	0
胆碱(毫克/千克)	1000	1000	1000	1000	0
生物素(毫克/千克)	0.2	0.2	0.2	0.2	0

二、饲料原料的选择

獭兔是草食性动物,主要以采食植物性饲料原料为主,在生产实践中,可供獭兔食用的饲料原料种类很多,按提供主要的营养成分和生理功能可以分为能量饲料、蛋白质饲料、粗饲料、青绿饲料、添加剂饲料等几大类。

(一)能量饲料

能量饲料是指以干物质计蛋白质含量小于20%,粗纤维含量小于18%的一类饲料。该类饲料一般消化能含量在10兆焦/千克以上,在配合饲料中以提供能量为主。主要包括谷物籽实、糠麸类、草籽树实、块根块茎类。在獭兔饲养中常用的能量饲料有以下几种。

1. 玉米 玉米是最常用和使用量最大的能量饲料。玉米可利用能量在谷物饲料中列首位,粗纤维含量低(2%),无氮浸出物含量高(72%),且主要是淀粉,消化率高;蛋白质含量低(8.6%),蛋白质品质较差,缺乏赖氨酸、色氨酸、蛋氨酸;含脂肪较高(3.5%~4.5%),亚油酸含量约为2%,为谷物饲料中最高者;黄玉米含有胡萝卜素、叶黄素,也是维生素E的良好来源,B族维生素中硫胺素含量丰富,不含维生素D和维生素K;玉米中含钙较低(0.02%),磷含量较高(0.27%),但多为植酸磷,有效磷含量较低(0.12%)。

玉米的适口性好,在饲料中使用比例不受限制。黄玉米中含丰富的胡萝卜素,是维生素A的前体,有利于家畜的生长和繁殖。由于玉米淀粉含量很高,如在饲粮中用量过重,容易出现肠炎,所以,獭兔饲料中玉米的含量一般为20%~50%。

我国饲料用玉米国家标准(表5-5)规定:以粗蛋白质、容重、不完善粒总量、水分、杂质、色泽、气味为质量控制指标,分为三级。其中,粗蛋白质以干物质为基础;容重指每升中的克数;不完善粒包括虫蚀粒、病斑粒、破损粒、生芽粒、生霉粒、热损伤粒;杂质指能通过直径3.0毫米圆孔筛的物质、无饲用价值的玉米及玉米以外的物质。

表 5-5 我国饲料用玉米质量标准 （GB/T 17890—1999）

等级	容重（克/升）	粗蛋白质（%）	不完善粒（%）		水分（%）	杂质（%）	色泽、气味
			总量	其中生霉粒			
1	≥710	≥10.0	≤5.0				
2	≥685	≥9.0	≤6.5	≤2.0	≤14.0	≤1.0	正常
3	≥660	≥8.0	≤8.0				

2. 高粱 高粱也是一种重要的能量饲料，营养价值相当于玉米的90%～95%，粗纤维低(1.4%)，可消化养分高，消化能、代谢能低于玉米；粗蛋白质含量略高于玉米(11%)，质量较差，缺乏赖氨酸、蛋氨酸和色氨酸；脂肪含量(3.4%左右)、亚油酸含量(1.13%左右)也低于玉米；矿物质中钙少磷多；高粱叶黄素、胡萝卜素及维生素D的含量较低，B族维生素与玉米相似，烟酸含量较高。

高粱中含有单宁，通常含量为0.2%～2%，其味涩，适口性差，獭兔不爱采食。此外单宁会抑制獭兔消化道内消化酶的活性，降低养分利用率，阻碍矿物质的吸收和代谢，大量饲喂会引起獭兔便秘。所以，一般在配合饲料中深色高粱（单宁含量＞1%）不超过10%，浅色高粱（单宁含量＜1%）不超过20%，去除颖壳后，可以与玉米同样使用。

我国饲料用高粱行业标准规定以粗蛋白质、粗纤维、粗灰分为质量控制指标，按含量分为三级，各项指标均以86%干物质为基础计算，详见表5-6。

表 5-6 饲料用高粱质量标准 （NY/T 115—1989）

质量标准	一级	二级	三级
粗蛋白质,%	≥9.0	≥7.0	≥6.0
粗纤维,%	<2.0	<2.0	<3.0
粗灰分,%	<2.0	<2.0	<3.0

3. 大麦 大麦代谢能值较低,脂肪含量低;蛋白含量较高,为11%～16%,其中赖氨酸、色氨酸、异亮氨酸含量比玉米高,特别是赖氨酸含量(0.42%)是谷物中的最高者;粗纤维含量为皮大麦(6.9%)比玉米粗纤维含量高,裸大麦(2.2%)则较低;含灰分较高(2.5%),矿物质中钙、铜低,而铁较多,磷含量比玉米高。维生素含量较少,仅含少量硫胺素、烟酸,不含叶黄素,核黄素也极其微量。

大麦适口性较好,但含有一定量的多缩己聚糖(主要是β-葡聚糖),饲喂过多会造成粪便黏稠和臌胀病。一般用量不超过20%。

我国《饲料用皮大麦》(NY/T 118—1989)和《饲料用裸大麦》行业标准以粗蛋白质、粗纤维、粗灰分为质量控制指标,按含量分为三级,各项成分含量均以87%干物质为基础计算,详见表5-7,表5-8。

表 5-7 饲料用皮大麦的质量标准 （NY/T118—1989）

质量标准	一级	二级	三级
粗蛋白质(%)	≥11.0	≥10.0	≥9.0
粗纤维(%)	<5.0	<5.5	<6.0
粗灰分(%)	<3.0	<3.0	<3.0

表 5-8 饲料用裸大麦的质量标准 （NY/T 210—1992）

质量标准	一级	二级	三级
粗蛋白质(%)	≥13.0	≥11.0	≥9.0
粗纤维(%)	<2.0	<2.5	<3.0
粗灰分(%)	<2.0	<2.5	<3.5

4. 小麦 小麦属我国的主要粮食品种，所含能量较高，仅次于玉米、高粱、糙米，脂肪含量低于玉米，亚油酸含量较低，仅为0.8%；蛋白质含量高，一般为11%～16%，且品质较好，氨基酸组成中的突出问题是苏氨酸和赖氨酸不足；B族维生素比较丰富，含磷量较高，但植酸磷比例较大，消化吸收有限。

小麦淀粉组成中木聚糖所占比例较高，在肠道中容易造成黏性食糜，降低消化率，同时也阻碍其他营养物质的消化吸收，所以也不宜过多使用。小麦的适口性较好，加入饲料中不会影响适口性，在正常情况下，用量可占日粮10%～30%。

我国《饲料用小麦》(NY/T 117—1989)行业标准规定，以粗蛋白质、粗纤维、粗灰分为质量控制指标，各项指标均以87%干物质为计算，按含量分为3级，详见表5-9。

表 5-9 饲料用小麦的质量标准 （NY/117—1989）

质量标准	一级	二级	三级
粗蛋白质(%)	≥14.0	≥12.0	≥10.0
粗纤维(%)	<2.0	<3.0	<3.5
粗灰分(%)	<2.0	<2.0	<3.0

5. 麦麸 麦麸由种皮、部分糊粉层及胚组成，由于磨粉工艺、出粉率不同，麸皮的组成差异较大，出粉率越高，种皮所占

比例越大,无氮浸出物含量越低,能量也就越低。

麦麸的粗纤维含量为8%～15%,脂肪含量较低,属低能饲料;粗蛋白质含量则可达12%～17%,赖氨酸、蛋氨酸含量较高;含有丰富的B族维生素、维生素E、尼克酸和胆碱;富含铁、锌、锰等微量矿物质元素,磷含量丰富,但多为植酸磷,钙磷比例不平衡,所以在日粮配合时,应注意补充生物学价值较高的钙源、磷源。大麦麸的能量含量、蛋白质质量均优于小麦麸。

麦麸适口性好,质地蓬松,体积大,容重小,常用来调节日粮能量浓度,由于麦麸含适量的粗纤维和硫酸盐,具有轻泻性,而且有助于肠道蠕动,獭兔产后采食适量的麦麸,可以调养消化道,具有良好的保健作用。由于麦麸吸水性强,大量采食时容易造成便秘,在饲料中的用量一般为10%～20%。

我国《饲料用小麦麸》行业标准以粗蛋白质、粗纤维、粗灰分为质量控制指标,各项指标均以87%干物质计算,按含量分为三级,详见表5-10。

表5-10 饲料用小麦麸的质量标准 (NY/T 119—1989)

质量标准	一级	二级	三级
粗蛋白质(%)	≥15.0	≥13.0	≥11.0
粗纤维(%)	<9.0	<10.0	<11.0
粗灰分(%)	<6.0	<6.0	<6.0

6. 米糠 米糠是去壳稻谷的加工副产品,由果皮、种皮、部分糊粉层和胚组成。可利用能量(12.6兆焦/千克)高于麦麸,在糠麸类饲料中是最高的;粗蛋白质含量较低(12%),赖氨酸(0.6%)、蛋氨酸(0.25%)含量较高;粗纤维含量较高(9%以上);粗脂肪含量(15%)很高,是所有谷实饲料和糠麸

饲料中含量最高的,米糠中的脂肪大多数为不饱和脂肪酸,油酸和亚油酸占 79%,在脂肪中还含有 2%~5%的维生素 E,富含 B 族维生素,缺少维生素 A、维生素 D。矿物质中钙低磷高,磷主要是植酸磷,有效磷较低。

米糠中含不饱和脂肪酸较多,易氧化酸败,发热发霉,不易保存,氧化酸败的米糠适口性差,可使动物中毒、严重腹泻、甚至死亡。所以一般将米糠去油制成米糠饼,米糠饼的脂肪和粗纤维含量较低,其他营养成分基本被保存,且适口性和消化率均有所改善,而且可以防止氧化酸败。也可通过控制米糠水分、加入抗氧化剂、防霉剂来加强安全性。獭兔饲料中米糠的使用量一般为 10%~20%。

我国《饲料用米糠》、《饲料用米糠饼》和《饲料用米糠粕》行业标准规定以粗蛋白质、粗纤维、粗灰分含量为质量控制指标,按其含量分为三级,详见表 5-11,表 5-12,表 5-13。

表 5-11 饲料用米糠质量标准 (NY/T 122—1989)

质量标准	一级	二级	三级
粗蛋白质(%)	≥13.0	≥12.0	≥11.0
粗纤维(%)	<6.0	<7.0	<8.0
粗灰分(%)	<8.0	<9.0	<10.0

表 5-12 饲料用米糠饼质量标准 (NY/T 123—1989)

质量标准	一级	二级	三级
粗蛋白质(%)	≥14.0	≥13.0	≥12.0
粗纤维(%)	<8.0	<10.0	<12.0
粗灰分(%)	<9.0	<10.0	<12.0

表 5-13 饲料用米糠粕质量标准 (NY/T 124—1989)

质量标准	一级	二级	三级
粗蛋白质(%)	≥15.0	≥14.00	≥13.0
粗纤维(%)	<8.0	<10.0	<12.0
粗灰分(%)	<9.0	<10.0	<12.0

7. 甘薯 甘薯干物质的主要成分是淀粉和糖,淀粉占85%以上;蛋白质含量低于玉米;红色或黄色的甘薯含有大量的胡萝卜素,硫胺素和核黄素含量低,钙、磷缺乏,B族维生素含量低,甘薯去除水分制成甘薯干后,其有效能值与稻谷相近,粗纤维含量低(2.6%～3.24%),粗蛋白质含量低且质量较差,缺乏赖氨酸、蛋氨酸和色氨酸。

甘薯多汁,味甜,适口性好,特别对肥育期、泌乳期的獭兔有促进消化、积累脂肪、增加泌乳的功能,甘薯干的饲用价值相当于玉米的87%。甘薯还是獭兔冬季不可缺少的多汁饲料及胡萝卜素的重要来源。如果贮存不当,会发芽、腐烂或出现黑斑,含毒性酮,可对獭兔造成危害。甘薯干在獭兔饲料中的使用量可达30%。

我国《饲料用甘薯干》国家标准(GB 10370—89)以粗纤维、粗灰分为质量控制指标,以87%干物质为基础计算,规定粗纤维含量不得低于4%,粗灰分含量不得低于5%。

8. 木薯 木薯又叫树薯。干物质中无氮浸出物高达72%,消化能为13.08兆焦/千克,代谢能为12.37兆焦/千克;蛋白质含量低,各种必需氨基酸均较少,尤其是蛋氨酸、胱氨酸、色氨酸缺乏;矿物质中铜、锰、磷含量均较少。

木薯表皮中含有较高的氢氰酸,为防止中毒,在食用前最好先浸泡、煮沸或晒干,干热 70℃~80℃ 也可减少毒性。我国饲用木薯干的标准是:含水量低于 13%,粗纤维和粗灰分不超过 4.0% 和 5.0%。木薯干在獭兔饲料中的添加量不应超过 10%。

我国《饲料用木薯干》行业标准以粗纤维、粗灰分为质量控制指标,以 87% 干物质为基础计算,规定粗纤维含量不得高于 4%,粗灰分含量必须低于 6%。另外,我国饲料卫生标准规定,饲料用木薯干中氢氰酸允许量在 100 毫克/千克以内。

(二)蛋白质饲料

蛋白质饲料是指干物质中蛋白质含量超过 20%,消化能含量超过 10.45 兆焦/千克,粗纤维含量低于 18% 的所有饲料,根据来源和属性可分为植物性蛋白质饲料、动物性蛋白质饲料、单细胞蛋白质饲料和非蛋白氮补充料。近年来,由于生物安全要求和动物产品要求,在獭兔饲料中一般只应用植物来源蛋白质饲料。

1. 大豆饼粕 大豆饼粕是目前饲料中最常用的蛋白质饲料,是大豆去油后的副产品,压榨法生产的叫豆饼,浸提法生产的叫豆粕。大豆饼粕有效能含量高(10~10.87 兆焦/千克),粗纤维含量较低;粗蛋白质含量含量高,一般为 42%~47%,蛋白质品质较好,赖氨酸含量高,高达 2.9%,且与精氨酸比例适当,异亮氨酸、亮氨酸含量较高、比例适宜,蛋氨酸、胱氨酸含量不足;矿物质中,钙、磷含量高于其他植物性饲料,但磷主要是植酸磷,利用率有限(1/3 左右);维生素含量较低,特别缺少 B 族维生素。

大豆饼粕颜色好,味道佳,各种动物都喜食,其质量的好坏与加工工艺在一定程度上有关。加热不足,内含抗营养因子抗胰蛋白酶和尿酶活性高,会影响蛋白质利用;加热过度,不良物质受到破坏,但营养物质特别是必需氨基酸的利用率也会降低。因此,在使用大豆饼粕时要注意检测其生熟度。加热适当的大豆饼粕应为黄褐色,有香味。在獭兔日粮中一般使用量为10%~15%。

饲料用大豆饼粕国家标准规定的感官性状为:大豆饼呈黄褐色饼状或小片状,大豆粕呈浅黄褐色或淡黄色不规则的碎片状,色泽一致,无发酵、霉变、结块、虫蛀及异味、异臭,水分含量不得超过13.0%;不得掺入饲料用大豆饼粕以外的东西。标准中除粗蛋白质、粗纤维、粗灰分为质量控制指标(大豆饼增加粗脂肪一项)外,规定脲酶活性不得超过0.4。饲料用大豆饼和大豆粕国家标准见表5-14和表5-15。

表5-14 饲料用大豆饼质量标准 (NY/T 130—1989)

质量指准	一 级	二 级	三 级
粗蛋白质(%)	≥41.0	≥39.0	≥37.0
粗脂肪(%)	<8.0	<8.0	<8.0
粗纤维(%)	<5.0	<6.0	<7.0
粗灰分(%)	<6.0	<7.0	<8.0

表5-15 饲料用大豆粕质量标准 (NY/T 131—1989)

质量指准	一 级	二 级	三 级
粗蛋白质(%)	≥44.0	≥42.0	≥40.0
粗纤维(%)	<5.0	<6.0	<7.0
粗灰分(%)	<6.0	<7.0	<8.0

2. 棉籽饼粕 棉籽饼粕是棉籽制油后的副产品。脱壳棉籽饼粗蛋白质含量为 41%～44%，粗纤维含量低，能值与豆饼相近。不脱壳的棉籽饼粗蛋白质含量为 20%～30%，粗纤维含量为 11%～20%。棉籽饼赖氨酸和蛋氨酸含量低，精氨酸含量较高，硒含量低。

棉籽饼粕中含有棉酚，在榨油过程中与氨基酸结合成结合棉酚，稳定性增强，对獭兔无害，但氨基酸利用率水平降低。对獭兔有害的是游离棉酚，獭兔摄食后会导致中毒，造成生长受阻、生产力下降、呼吸困难、免疫功能下降、流产、畸形，有时发生死亡。棉籽饼粕脱毒的方法很多，最常用的方法就是向棉籽饼粕中按棉酚含量按 1∶5 加入硫酸亚铁，搅拌均匀后即可食用，棉籽饼粕在獭兔饲料中一般用量不超过 10%。

我国农业部标准规定：棉籽饼的感官性状为小片状或饼状，色泽呈新鲜一致的黄褐色；无发酵、霉变、虫蛀及异味、异臭；水分含量不得超过 12.0%；不得掺入饲料用棉籽饼以外的东西。具体质量标准见表 5-16。

表 5-16 饲料用棉籽饼质量标准 （NY/T 129—1989）

质量指标	一级	二级	三级
粗蛋白质(%)	≥40.0	≥36.0	≥32.0
粗纤维(%)	<10.0	<12.0	<14.0
粗灰分(%)	<6.0	<7.0	<8.0

3. 菜籽饼粕 菜籽饼粕是油菜籽脱油后的副产品。有效能含量较低，适口性较差，含粗蛋白质 36%左右，氨基酸组成中蛋氨酸含量高，精氨酸含量在饼粕中最低，磷的利用率较高，硒含量是植物性饲料中最高的，锰含量也较丰富。

菜籽饼粕含有较高的芥子苷，它在动物体内水解产生有害物质，可导致獭兔甲状腺肿大。常用脱毒方法有坑埋法、水洗法、加热钝化酶法、氨碱处理等，菜籽饼粕在獭兔饲料中的用量一般不超过5%。

饲料用菜籽饼粕国家标准规定：菜籽饼感官性状为褐色、小瓦片状、片状或饼状，菜籽粕为黄色或浅褐色、碎片或粗粉状；具有菜籽油的香味，无发酵、霉变、结块及异臭，水分含量不得超过12%。具体质量指标见表5-17和表5-18。

表5-17　饲料用菜籽饼质量标准（NY/T 125—1989）

质量指准	一级	二级	三级
粗蛋白质(%)	≥37.0	≥4.0	≥30.0
粗脂肪(%)	<10.0	<0.0	<10.0
粗纤维(%)	<14.0	<4.0	<14.0
粗灰分(%)	<12.0	<2.0	<12.0

表5-18　饲料用菜籽粕质量标准 （NY/T 126—1989）

质量指准	一级	二级	三级
粗蛋白质(%)	≥40.0	≥37.0	≥33.0
粗纤维(%)	<14.0	<14.0	<14.0
粗灰分(%)	<8.0	<8.0	<8.0

4. 花生饼粕　花生饼粕是油厂榨油后的副产品，饲用价值仅次于大豆饼粕。粗蛋白质含量38%~47%，粗纤维为4%~7%，粗脂肪4%~7%，钙少磷多，钙为0.2%~0.4%，磷为0.4%~0.7%，但磷多为植酸磷。花生饼粕的氨基酸组成不平衡，赖氨酸和蛋氨酸含量较低，分别为1.35%和

0.39%,精氨酸和甘氨酸含量却很高,分别为 5.16% 和 2.45%,使用时应与精氨酸含量较低的菜籽饼粕、血粉、鱼粉搭配使用。

花生饼粕气味芳香,适口性极好。但在使用时应注意:第一,花生饼粕中含有胰蛋白酶抑制因子,加工时一般加热超过 120℃ 即可破坏这种因子。第二,花生饼粕容易感染黄曲霉,其产生的黄曲霉毒素易造成獭兔中毒死亡(黄曲霉素不可超过 50 兆焦/千克),因此花生饼粕贮存期不宜过长。花生饼粕在獭兔饲料中的用量一般为 3%~5%。

饲料用花生饼粕国家标准规定:感官要求花生饼为小瓦块状或圆扁块状,花生粕为黄褐色或浅褐色不规则碎屑状,色泽新鲜一致,无发霉、变质、结块及异味、异臭,水分含量不得超过 12.0%。饲料用花生饼粕国家标准见表 5-19 和表 5-20。

表 5-19 饲料用花生饼质量标准 (NY/T 132—1989)

质量指准	一级	二级	三级
粗蛋白质(%)	≥48.0	≥40.0	≥36.0
粗纤维(%)	<7.0	<9.0	<11.0
粗灰分(%)	<6.0	<7.0	<8.0

表 5-20 饲料用花生粕质量标准 (NY/T 133—1989)

质量指准	一级	二级	三级
粗蛋白质(%)	≥51.0	≥42.0	≥37.0
粗纤维(%)	<7.0	<9.0	<11.0
粗灰分(%)	<6.0	<7.0	<8.0

5. 向日葵饼粕 向日葵饼粕的质量好坏主要取决于去壳

情况,去壳较完全(壳:仁=16:84)的向日葵仁饼粕蛋白质含量为35%～37%,粗纤维10%左右;而带壳的向日葵饼粕(壳:仁=35:65)的粗蛋白质则只有22%～26%,粗纤维30%左右,我国的向日葵饼粕一般为不去壳或少量去壳。向日葵饼粕蛋白质中蛋氨酸含量高于大豆粕,可达1.6%,赖氨酸较低,只有1.5%～1.8%。

向日葵饼粕的适口性较好,獭兔喜食,在饲料中可添加20%左右。

饲料用向日葵仁饼粕国家标准规定:感官要求向日葵仁饼为小片状或块状,向日葵仁粕为浅灰色或黄褐色不规则碎块状、碎片状或粗粉状,色泽新鲜一致,无发霉、变质、结块及异味,水分含量不得超过12%,不得掺入其他物质。饲料用向日葵仁饼粕国家标准见表5-21,表5-22。

表5-21 饲料用向日葵仁饼质量标准 (NY/T 128—1989)

质量指准	一 级	二 级	三 级
粗蛋白质(%)	≥36.0	≥30.0	≥23.0
粗纤维(%)	<15.0	<21.0	<27.0
粗灰分(%)	<9.0	<9.0	<9.0

表5-22 饲料用向日葵仁粕质量标准 (NY/T 127—1989)

质量指准	一 级	二 级	三 级
粗蛋白质(%)	≥38.0	≥32.0	≥24.0
粗纤维(%)	<16.0	<22.0	<28.0
粗灰分(%)	<10.0	<10.0	<10.0

6. 亚麻饼粕 亚麻饼粕又叫胡麻饼粕,是亚麻籽榨油后的副产品。粗蛋白质含量一般为32%~37%,粗纤维含量为7%~11%,粗脂肪含量为1.5%~7%,钙为0.3%~0.6%,磷为0.75%~1.0%,赖氨酸、蛋氨酸含量低,分别为1.2%和0.45%,色氨酸含量较高。

亚麻饼粕中含有抗维生素B_6因子,因此应注意维生素B_6的添加。亚麻饼粕含硫氰酸苷,水解后释放出氢氰酸,具有致命的毒性,一般在獭兔饲料中添加量不宜超过5%。

饲料用亚麻仁饼粕国家标准规定:亚麻仁饼为褐色大圆饼、厚片或粗粉状,亚麻仁粕为浅褐色或深黄色不规则碎块状或粗粉状,具油香味,无发霉、变质、结块及异味,水分含量不得超过12%,不得掺入其他物质。饲料用亚麻仁饼粕国家标准见表5-23和5-24。

表5-23 饲料用亚麻仁饼质量标准 (NY/T 216—1992)

质量指准	一 级	二 级	三 级
粗蛋白质(%)	≥32.0	≥30.0	≥28.0
粗纤维(%)	<8.0	<9.0	<10.0
粗灰分(%)	<6.0	<7.0	<8.0

表5-24 饲料用亚麻仁粕质量标准 (NY/T 216—1992)

质量指准	一 级	二 级	三 级
粗蛋白质(%)	≥35.0	≥32.0	≥29.0
粗纤维(%)	<9.0	<10.0	<11.0
粗灰分(%)	<8.0	<8.0	<8.0

7. 芝麻饼粕 芝麻饼粕是芝麻榨油后的副产品,其粗蛋

白质在40%以上。蛋氨酸含量高达0.8%以上,是植物性饲料中含量最高的。赖氨酸含量不足,精氨酸含量高。芝麻饼粕在獭兔饲料中的用量为5%左右。

(三)粗饲料

按照国内外目前通行的概念,粗饲料一般是指干物质中粗纤维含量超过18%的所有饲料,它的有机物消化率在70%以下,消化能低于10.45%兆焦/千克。这类饲料来源广,量大,价格低,在獭兔日粮中所占比例较大,一般可达30%左右。

1. 青干草 青干草是青草收割后干制而成。青干草营养价值取决于制作原料的种类、生长阶段与调制技术,就原料而言,豆科牧草的蛋白质质量和数量均好于禾本科,而能量则基本相近。在调制方式上,采用草架和棚内干燥及人工干燥的干草质量好于地面晒制的。特别是采用高温人工干燥(使青草在500℃下10秒完成干燥),几乎可以保存青草全部营养成分。

青干草作为獭兔的主要粗饲料,可以在饲料中大量使用,一般用量可达30%以上,青干草使用得当,不仅可以满足獭兔营养需要,还可以提高獭兔健康水平,减少疾病发生。

常用的青干草有各种野生、栽培牧草等。

评定干草的质量,合理的标准非常重要。干草和干草粉的质量标准见表5-25。

表 5-25 不同干草分级标准

分级	干草特性及标准											
	豆科干草			禾本科干草			豆科、禾本科干草			天然刈割		
	1级	2级	3级	1级	2级	3级	1级	2级	3级	1级	2级	3级
豆科(%)	≥90	≥75	≥60	—	—	—	≥50	≥35	≥20	—	—	—
禾本科(%)	—	—	—	≥90	≥75	≥60	—	—	—	≥80	≥60	≥40
有毒有害物质(%)										≤0.5	≤1.0	≤1.0
粗蛋白质(%)	≥14	≥10	≥8	≥10	≥8	≥6	≥11	≥9	≥7	≥9	≥7	≥5
胡萝卜素(毫克/千克)	≥30	≥20	≥15	≥20	≥15	≥10	≥25	≥20	≥15	≥20	≥15	≥10
粗纤维(%)	≤27	≤29	≤31	≤28	≤30	≤33	≤27	≤29	≤32	≤28	≤30	≤33
矿物质(%)	≤0.3	≤0.5	≤1.0	≤0.3	≤0.5	≤1.0	≤0.3	≤0.5	≤1.0	≤0.3	≤0.5	≤1.0
水分(%)	≤17	≤17	≤17	≤17	≤17	≤17	≤17	≤17	≤17	≤17	≤17	≤17

在我国草粉大多采用优质的苜蓿为原料生产成苜蓿草粉,紫花苜蓿质量标准见表 5-26。

表 5-26 饲料用苜蓿草粉质量标准 (NY/T 140—1989)

质量指标	一级	二级	三级
粗蛋白质(%)	≥18.0	≥16.0	≥14.0
粗纤维(%)	<25.0	<27.5	<30.0
粗灰分(%)	<12.5	<12.5	<12.5

2. 秸秆 秸秆是指各种农作物成熟、收获籽实后的副产品,总的营养缺点是粗纤维含量高,粗蛋白质含量低。在各种收获籽实后的秸秆中,玉米秸、豆秸的品质较好,如收贮方法得当,可得

到质量较好的粗饲料；小麦秸与稻草的品质和利用价值较低。

秸秆类饲料由于木质素含量较高，消化率较低，獭兔饲料中不宜使用量过大，一般在20%以内为宜，仔兔中使用应该更低一些。部分秸秆饲料营养成分见表5-27。

表5-27 秸秆的营养成分与营养价值 （干物质基础）

饲 料	产奶净能 (兆焦/千克)	增重净能 (兆焦/千克)	消化能 (兆焦/千克)	粗蛋白质 (%)	粗纤维 (%)	钙 (%)	磷 (%)
稻 草	3.6~4.4	0.2~0.5	7.3	2.7~3.8	28~35	0.08~0.16	0.04~0.06
玉米秸	6.1~6.4	3.1~3.5	—	6.5	24~28	0.43	0.25
小麦秸	3.4	0.4	6.2	3.1~5.0	35.6~44.7	0.06~0.28	0.03~0.07
大麦秸	2.9~4.4	1.4	8.2	5.5~6.1	35.5~38.2	0.06~0.15	0.02~0.07
燕麦秸	7.73	1.8		7.5	28.4	0.18	0.01
谷 草	4.30	1.2	8.3	5.0	35.9	0.37	0.03
高粱秸	4.56	1.55	8.08	3.9	35.6	—	—
大豆秸	2.9~3.0	—	8.20	5.1~9.8	48~54	1.33	0.22
豌豆秸	4.1	1.0~1.2	8.20	16.4	—	—	—
花生秸	5~5.6	2.1	—	12~14.3	24.6~32.4	2.69	0.04
甘薯藤	4.60	1.6			32.4	1.76	0.13

3. 酒糟 酒糟是谷物酿酒获得的副产品，分为啤酒糟和白酒糟两种。

啤酒糟组成中除了大麦残渣外，还常常含有部分玉米和稻谷残渣，所以成分变异很大，其粗纤维含量很高，一般为15.5%~20.4%，因此有效能含量较低(代谢能为11.2兆焦/千克干重)；蛋白质含量为18%~26%，在反刍动物瘤胃内的降解率为60%左右；啤酒糟中含有丰富的B族维生素，磷含量较高而钙含量较低；白酒糟是谷物(主要是玉米、高粱)浸提出乙醇后的副产品,其干物质中粗蛋白质含量为20%～28%,粗纤维含量为16%～21%,含有较高脂类(5%～8%);矿物质中钠和钾含量较低,缺少钙质。

酒糟作为獭兔饲料,不宜使用过多,一般添加量控制在10%以内。

4. 树叶类 我国树木资源丰富,除少数树叶不能饲用外,大多数树叶、嫩枝、果实都可以作为獭兔饲料。槐树叶、杨树叶和桑树叶,晒干、粉碎后可代替50%的苜蓿粉喂兔。鲜嫩的桦树叶、榆树叶、椴树叶等汁多味美,富含微量元素,兔子爱吃也易消化,且有利于母兔产乳。苹果树叶也是很好的兔饲料,但应注意喷药后10天内不能收集树叶喂兔。此外,柏叶、松叶等晒干、粉碎后皆可用来喂兔,每兔每日喂20～30克。但叶本身常含有单宁,木质素含量较高,使得适口性较差,消化率下降;在獭兔饲料中添加3%～5%的松针粉,可以促进动物健康,提高生产性能。常用树叶类饲料的营养成分见表5-28

表5-28 常用饲料树叶的营养成分 (%,干物质基础)

类别	粗蛋白质	粗脂肪	粗纤维	无氮浸出物	粗灰分	钙	磷
槐树叶	22.4	2.5	17.3	48.5	7.6	0.97	0.17
榆树叶	23.2	6.2	9.8	44.8	16.0	2.49	0.23
柳树叶	15.6	6.0	12.9	55.5	9.6	—	0.21
白杨叶	17.5	5.2	19.0	52.2	5.8	1.32	0.25
紫穗槐叶	21.5	10.1	12.7	48.9	6.6	0.18	0.94
洋槐叶	29.9	5.6	8.6	48.9	7.8	1.25	0.12
松针	8.0	11.0	27.1	50.7	3.0	1.10	0.19
枣树叶	14.4	5.6	10.9	57.0	12.1	—	—
桑叶	14.1	13.0	22.9	32.8	16.9	2.29	3.00

(四)青绿多汁饲料

青绿多汁饲料是指天然水分含量在60%以上的所有可用作饲料的植物总称,一般包括草原牧草、栽培牧草、蔬菜类饲料及水生植物饲料等。由于青绿饲料适口性好,含有丰富的维生素,粗纤维、粗蛋白质含量适当,消化吸收率高,所以是獭兔饲养过程中不可或缺的饲料原料。

1. 苜蓿 苜蓿是我国目前栽培最多的牧草,品质好,产量高,被称为"牧草之王"。其蛋白质含量高,必需氨基酸齐全,干物质中赖氨酸含量是玉米的5倍;富含维生素和矿物质,其中钼0.2毫克/千克,钴0.2毫克/千克,胡萝卜素18～161毫克/千克,维生素C 5～6毫克/千克,维生素B 5～6毫克/千克,维生素K 150～200毫克/千克。

苜蓿适口性好,消化率很高,有机物消化率可达60%～80%,粗纤维的亦可达40%以上。不论直接新鲜饲喂还是制成干草都是獭兔的优质饲料。不同生长阶段苜蓿的营养成分见表5-29。

表5-29 不同生长阶段苜蓿营养成分的变化　　(%,干物质基础)

生长阶段	粗蛋白质	粗脂肪	粗纤维	无氮浸出物	灰分
营养生长期	26.1	4.5	17.2	42.2	10.0
花前期	22.1	3.5	23.6	41.2	9.6
初花期	20.5	3.1	25.8	41.3	9.3
1/2盛花期	18.2	3.6	28.5	41.5	8.2
花后期	12.3	2.4	40.6	37.2	7.5

2. 三叶草 三叶草是良好的豆科牧草,叶量大,草质柔

嫩,营养丰富,适口性好,饲用价值高,獭兔喜食。三叶草再生能力强,利用年限长,产量高,一般每公顷可产鲜草:北方30～37.5吨,南方60～75吨,收种子45～105千克。管理好的可利用40～50年。各类三叶草的营养成分见表5-30。

表5-30 红三叶、白三叶和杂三叶营养成分 (鲜样,%)

类别	干物质	可消化粗蛋白质	粗蛋白质	粗脂肪	粗纤维	无氮浸出物	粗灰分	钙	磷
红三叶	27.5	3.0	4.1	1.1	8.2	12.1	2.0	0.46	0.07
白三叶	17.8	3.8	5.1	0.6	2.8	7.2	2.1	0.25	0.09
杂三叶	22.2	2.7	3.8	0.6	5.8	9.7	2.3	0.29	0.06

3.黑麦草 黑麦草属禾本科,茎叶繁茂,叶量较多,草质幼嫩多汁,鲜草适口性好,是獭兔的优良牧草,蛋白质含量在禾本科牧草中属较高种类,必需氨基酸完全,特别是赖氨酸、蛋氨酸、苏氨酸含量丰富;粗纤维含量较高,而脂肪含量较低,无氮浸出物在40%左右。

黑麦草生长迅速,产量高,播种当年即可收割,每公顷可产鲜草45～75吨,收获种子750～1200千克。不同刈割期黑麦草的营养成分见表5-31。

表5-31 不同刈割期黑麦草的营养成分 (%,干物质基础)

刈割期	粗蛋白质	粗脂肪	粗灰分	无氮浸出物	粗纤维	木质素
叶丛期	18.6	3.8	8.1	48.3	21.1	3.6
花前期	15.3	3.1	8.5	48.3	24.8	4.6
开花期	13.8	3.0	7.8	49.6	25.8	5.5
结实期	9.7	2.5	5.7	50.9	31.2	7.5

4. 胡萝卜 胡萝卜块根、叶中含有大量蛋白质、糖、维生素和丰富的矿物质,特别是含有丰富的维生素A原-胡萝卜素,而且磷、钾、铁丰富,被誉为最宝贵的廉价饲料。胡萝卜适口性好、耐贮存运输,獭兔非常喜食,是獭兔冬、春季不可缺少的维生素饲料,适量饲喂,还可提高饲料消化率和獭兔生长速度,对泌乳母兔和妊娠兔也有良好作用。

胡萝卜叶片柔嫩多汁,切碎单喂和混入糠麸,都是獭兔的好饲料。胡萝卜产量很大,一般每公顷可产块根30 000~45 000千克,同时可产叶片22 500~30 000千克。但其水分含量很大,所以单位鲜样所含营养物质有限,不可作为单一饲料饲喂。胡萝卜的营养成分见表5-32。

表5-32 胡萝卜的营养成分

类别	干物质(%)	粗蛋白质(%)	粗脂肪(%)	粗纤维(%)	无氮浸出物(%)	粗灰分(%)	钙(%)	磷(%)	铁(毫克/千克)	胡萝卜素(毫克/千克)
胡萝卜(红)	11.0	2.0	0.4	1.8	5.4	1.4	0.019	0.023	19	27.2
胡萝卜(黄)	10.0	1.9	0.3	0.9	6.1	0.8	0.032	0.032	6	21.1

(五)矿物质饲料

矿物质饲料主要包括獭兔生长繁殖过程中所需的各种矿物质元素补充和某些特殊目的应用于饲料的矿物质。

1. 石粉 即石灰石粉,为天然的碳酸钙,一般含纯钙35%以上,是补充钙的最廉价、最方便的矿物质原料。按干物质计,石灰石粉的成分与含量为:灰分96.9%,钙35.89%,氯0.03%,铁0.35%,锰0.027%,镁2.06%。它来源广、价廉,獭兔对其利用率较高,是补充钙质最简便的来源,饲用石粉中镁的含量应低于 0.5%。

2. 贝壳粉　贝壳粉是海滨堆积的贝壳先进行清洗,粉碎后制得的产品,主要成分为碳酸钙,含钙在 35%～38%,纯度在 95% 以上,其吸收利用率较石粉要稍高,但使用时要注意微生物污染。

3. 磷酸氢钙　磷酸氢钙为白色或灰白色粉末,含磷量 16%～18%,含钙 23%,磷酸氢钙中的钙、磷利用率高,是优质的钙磷补充饲料。我国饲料级磷酸氢钙的标准见表 5-33。

表 5-33　饲料级磷酸氢钙质量标准　(HG 2636－2000)

项　目	指　标	项　目	指　标
磷(P)含量(%)	≥16.5	砷(As)含量(%)	≤0.003
钙(Ca)含量(%)	≥21.0	铅(Pb)含量(%)	≤0.003
氟(F)含量(%)	≤0.18	细度(通过 500 微米试验筛(%)	≥95

4. 骨粉　骨粉是以动物骨骼为原料,经高压灭菌、粉碎而制成的产品。骨粉钙磷比例适当,是补充钙磷的良好原料,但由于来源、制作方法不同,其质量差异较大。一般简单蒸煮的骨粉钙磷含量较低,钙含量为 20%～24%,磷为 8%～10%,另含有 15%～25% 的蛋白质,这类骨粉常携带大量致病细菌,容易发霉变质,不易保存;而经蒸制脱脂、脱胶的骨粉为白色粉状,无臭味,含钙 25%～30%,含磷 12%～15%,可以长期保存而不变质,在饲料中一般加入 1%～3%。各类骨粉的一般成分见表 5-34。

表 5-34 各种骨粉的一般成分 （%）

类 别	干物质	粗蛋白质	粗纤维	粗灰分	粗脂肪	无氮浸出物	钙	磷
蒸制骨粉	93.0	10.0	2.0	78.0	3.0	7.0	32.0	15.0
脱胶骨粉	92.0	6.0	0	92.0	1.0	1.0	32.0	15.0
焙烧骨粉	94.0			98.0	1.0	1.0	34.0	16.0

5.食盐 食盐的主要成分是氯化钠，纯度应在95%以上，含水不超过0.5%，粒度要求100%过30目筛。

(六)添 加 剂

添加剂是指为了完善饲料营养，改善饲料品质和作用而向饲料中添加的少量或微量成分，主要包括营养性饲料添加剂和非营养性饲料添加剂两种。

1.赖氨酸 赖氨酸为白色结晶粉末，无臭或稍有异味，略具潮解性，易溶于水，极难溶于乙醇。我国制定的饲料级L-赖氨酸盐酸盐国家标准为：L-赖氨酸盐酸盐（以干基计）≥98.5%。L-赖氨酸盐酸盐的活性为L赖氨酸的78.8%，而L-赖氨酸硫酸盐含量为78%，活性为L赖氨酸的51%；生长肥育兔应特别注意添加，其促生长作用明显。

2.蛋氨酸 蛋氨酸有DL型蛋氨酸和蛋氨酸类似物两种添加剂形式，化学合成的蛋氨酸为D型、L型混合的化合物，为白色片状或粉末状结晶，具有微弱的含硫化合物气味，易溶于水、稀酸和碱，产品纯度在98.5%以上，与天然存在的D型、L型蛋氨酸的生物学价值一样。

蛋氨酸类似物的产品种类有液体羟基蛋氨酸和羟基蛋氨酸钙盐，其中液体羟基蛋氨酸含有效成分88%以上，是深褐色黏性液体，是单体、二聚体和三聚体的平衡混合物。羟基蛋氨酸钙盐是液体羟基蛋氨酸与氢氧化钙或氧化钙中和,经干燥、粉碎、筛分而成的产品,含有效成分为93%以上,为浅褐色粉末或颗粒,有含硫基团的特殊气味,可溶于水,一般认为液态羟基蛋氨酸的生物活性是DL-蛋氨酸的88%,羟基蛋氨酸钙盐为86%。

蛋氨酸在獭兔饲料中使用,可以提高毛皮发育,改善獭兔毛皮质量。

3. 微量元素添加剂 微量元素添加剂是指用来补充动物所需、常规饲料微量营养元素不足的少量添加剂,一般需要向饲料中添加的微量元素有铁、铜、锌、锰、硒、碘、钴等。微量元素添加剂主要有三种形式,一类是无机盐形式,主要有硫酸盐、碳酸盐和氧化物。其中以硫酸盐形式应用最为广泛。无机盐形式原料来源广泛,价格便宜,但适口性较差,易吸水结块,影响加工、混合性能;第二类是有机酸类,如柠檬酸类、延胡索酸类等,这类物质适口性好,但价格较贵,吸收利用率一般,所以在饲料中使用较少;第三类是有机微量元素螯合物,即微量元素与氨基酸或蛋白质以配位键形式结合,这类物质由氨基酸和微量元素结合,使得微量元素的吸收是以氨基酸或肽的形式吸收,从而大大提高了微量元素的吸收利用率,同时,由于微量元素与氨基酸结合成螯合物,稳定性明显提高,不会与消化道内其他物质结合而影响其他养分的吸收利用,使得微量元素氨基酸螯合物成为最有前途的一类微量元素添加剂。

4. 维生素添加剂 维生素是一类动物需要量极少,但在动物机体中作用很大的低分子有机物,它们既不是能量物质,也不是功能物质,在机体内主要是以辅酶或辅基的形式,调节机体新陈代谢,对维持动物健康和幼体生长具有重要意义。

维生素添加剂主要是用来向饲料中添加的化工合成或微生物发酵生产的脂溶性和水溶性的维生素单体或稀释剂。

5. 抗生素 一般是由某些微生物产生的能抑制或杀死其他微生物的代谢产物,目前有些抗生素已能够人工合成或半人工合成。

抗生素饲料添加剂在獭兔饲养中应用已经有几十年了,种类繁多,常用的有金霉素、土霉素、青霉素、链霉素、泰乐菌素、马杜拉霉素、螺旋菌素、杆菌肽锌等。主要功能是:预防疾病、促进生长、提高饲料转化率、提高产品数量等。

近年来,人们对于在饲料中使用抗生素的争议越来越大,因此抗生素尽量不在饲料中添加,即使少量使用,也要有严格的种类限制和禁药期。

6. 酶制剂 为了帮助幼畜提高对饲料营养物质的利用率或辅助家畜提高对难消化饲料成分的消化,而向饲料中添加外源性的消化酶制剂。用于饲料中的消化酶主要有蛋白酶、脂肪酶、纤维素酶、淀粉酶、果胶酶、寡聚糖酶及植酸酶等。

獭兔饲料中经常使用的酶制剂主要是以纤维素酶为主的复合酶制剂,添加量一般为 $0.1\%\sim1\%$。

7. 益生素 是指能够用来促进生物体微生态平衡的那些有益微生物或其发酵产物,益生素是通过促进有益菌的增长来达到抑制有害菌数量的目的。目前,常用的益生素菌种有枯草芽孢杆菌、腊样芽孢杆菌、双歧杆菌、乳酸杆菌、链球菌、酵母、霉菌等。

三、饲料配方设计及典型配方

(一)配合饲料的配方设计

配合饲料是指依据动物不同品种、生长阶段由多种原料按一定配方经科学加工而成的具有一定形状的、营养完全的饲料。全价饲料质量好坏,关键在于配方是否科学合理,配方的设计常用方法有:试差法、计算机法等。

1. 试差法 又叫凑数法。是目前手工进行配方设计普遍采用的方法,其具体做法是:首先根据经验初步拟定各种原料的大致比例,然后用各自比例去乘该原料所含的各种养分百分含量,再将各种原料的同种养分之积相加,即得到该饲料配方的各种养分的总量。将所得的结果与饲养标准比较,若有任一种养分超过或不足时,可通过增加或减少相应的原料比例进行调整和重新计算,直到所有的营养指标都基本满足要求为止。这种方法简单易学,熟悉后可以逐步深入掌握各种配料技术,因而广为利用,缺点是计算量大,且十分繁琐,盲目性较大,不易选出最佳配方。

2. 计算机法 计算机法是根据线性规划原理,在规定多种条件的基础上选出最低成本饲料配方,它主要是根据所用原料的品种和营养成分,依据对饲养标准中规定的各种营养物质的需要量及饲料原料供应情况、市场价格变动情况为主要条件,将有关资料数据输入计算机,并提出约束条件,如饲料配比、营养标准、价格等,依据线性规划原理计算出能满足要求而价格最低的饲料配方。用计算机设计饲料配方的优点是速度快,计算准确,但其配方很难考虑饲料的适口性、容积、有毒有害物、抗营养因子的含量,因此还需要有专业技术人员进行操作和调整才能得到合适的配方。

(二)典型配方

配方一 典型幼兔饲料配方,见表 5-35

表 5-35 幼兔全价配合饲料推荐配方

饲料原料	配方 1	配方 2	配方 3	配方 4
羊草粉	29	25	20	18
苜蓿草粉	0	0	10	9
玉米	19	23	25	26
小麦	19	16	15	10
豆饼	16	16	12	14
酵母粉	—	3	2	1
麦麸	15	15	14	20
磷酸氢钙	0.5	0.5	0.5	0.5
食盐	0.5	0.5	0.5	0.5
预混料	1	1	1	1

配方二 生长肥育獭兔饲料配方,见表 5-36。

表 5-36 生长肥育獭兔全价配合饲料推荐配方

饲料原料	配方 1	配方 2	配方 3	配方 4
羊草粉	29	19	15	20
玉米秸秆粉	10	20	20	16
玉米	16	14	18.5	20
小麦	16	14	6	13.5
麸皮	9	9	7	6

续表 5-36

饲料原料	配方 1	配方 2	配方 3	配方 4
豆 饼	14	18	12	12
棉 粕	—	—	5	5
花生粕	2	2	3	4
饲料酵母	1	1	—	—
骨 粉	1.5	1.5	2	2
食 盐	0.5	0.5	0.5	0.5
预混料	1	1	1	1

配方三 妊娠兔全价饲料配方，见表 5-37。

表 5-37 妊娠獭兔全价配合饲料推荐配方

饲料原料	配方 1	配方 2	配方 3	配方 4
羊草粉	25	23	30	27
玉米秸秆粉	15	16	12	13
玉 米	29	30	28	30
小 麦	10	4	7	9
麸 皮	5	10	6	12
豆 饼	10	12	4.9	7.7
花生粕			5	4
棉 粕	—	—	2	3
饲料酵母	3	2	2	1
骨 粉	1.5	1.5	1.5	1.8
食 盐	0.5	0.5	0.5	0.5
预混料	1	1	1	1

配方四 泌乳獭兔全价饲料配方，见表 5-38。

表 5-38 泌乳獭兔全价配合饲料推荐配方

饲料原料	配方 1	配方 2	配方 3	配方 4
羊草粉	26	23	25	20
玉米秸秆粉	10	16	13	14
玉　米	33	28	22.9	20.9
小　麦	8	4	12	10
麸　皮	5	10	8	7
豆　饼	10	10	8	8
花生粕	4	3	6	5
大麦芽	—	—	—	2
饲料酵母	1	3	2	1
骨　粉	1.5	1.5	1.6	1.6
食　盐	0.5	0.5	0.5	0.5
预混料	1	1	1	1

四、配合饲料质量标准

我国獭兔配合饲料到目前为止尚未制定统一的行业标准，所以现在市场上各饲料企业都是参考国家已经制定的长毛兔配合饲料标准（SB/T 10078—92）和肉兔配合饲料标准（SB/T 10247—1995）制定自己的獭兔配合饲料标准，我们根据多年对獭兔进行科研结果，结合实际饲养经验，并参考市场上商品獭兔配合饲料产品检测结果，提出以下标准：

(一)感官性状

色泽新鲜一致,无发霉变质,结块或异味、异臭。

(二)水 分

配合饲料、精料补充料不高于14%,浓缩饲料不高于12%。

(三)加工质量指标

成品粒度(粉料):99%通过2.80毫米编织物,但不得有整粒谷物,1.40毫米编织筛筛上物不得大于15%;

混合均匀度:混合均匀度经测试其变异系数(CV)应不大于10%。

(四)营养成分指标

獭兔配合饲料营养成分指标,见表5-39。

表5-39 獭兔配合饲料营养成分指标

指标		消化能(兆焦/千克)	粗蛋白质(%)	粗脂肪(%)	粗纤维(%)	粗灰分(%)	钙(%)	钙:磷	蛋氨酸+胱氨酸(%)
配合饲料	幼兔	10.46	16.5	3.0	10	14.0	0.6~1.0	1~2:1	0.60
	生长兔	9.20	15.0	2.0	14	16.0	0.6~1.0	1~2:1	0.30
	妊娠兔	10.46	16.0	3.0	13	16.0	0.6~1.0	1~2:1	0.60
	泌乳兔	11.30	18.0	3.0	12	16.0	0.6~1.0	1~2:1	0.40
浓缩饲料		11.71	30.0	3.5	6.0	16.0	2.0~4.0	2~4:1	1.70
精料补充料		12.34	18.0	2.5	5.0	12.0	0.75~1.50	1~2:1	0.85

注:1. 各项营养成分指标,均以87.5%干物质为基础计算;2. 浓缩饲料营养成分指标,按日粮中添加比例25%折算;3. 精料补充料营养成分指标,按日粮中添加比例65%折算

第六章 獭兔饲养管理标准化

一、兔场建设

(一)兔场场址选择

兔场是獭兔的生存环境,场址选择恰当与否,直接关系到獭兔生产、兔群健康和兔场经营。在选择场址时不仅要注意地势高低、面积大小、土壤质地、主导风向、地下水位、地上水源(如河流、沟渠、塘堰)等自然因素,还必须注意交通、电力、居民区、工厂、畜牧场、加工场等社会因素。如果选择不当,将影响兔场的投资和生产,甚至造成无法挽回的经济损失。

1. 地势 场址应选在地势较高燥、有适当坡度、地下水位低、排水良好和向阳背风的地方。

根据獭兔喜干燥、厌潮湿污浊这一特性,要求地势高燥,地下水位要低,地下水位应在2米以下。地势过低,地下水位过高,排水不良的场地,容易造成潮湿环境,不利于獭兔体热调节,而有利于病原微生物的生长繁殖,特别是适合寄生虫(如螨虫、球虫等)的生存,影响兔群健康;地势过高,容易招致寒风侵袭,造成过冷环境,亦对兔群健康不利。

兔场的地面要平坦而稍有坡度,以便于排水,防止积水和泥泞。地面坡度不可过大,以控制在10%以内为宜。地形开阔、整齐和紧凑,不宜过于狭长和边角过多。土质要坚实,符合建筑要求。

2. 面积　兔场用地面积依据兔场性质和规模及发展规划决定。兔场占地面积的多少既要注意节约用地、少占农田或不占良田,又要能满足生产和以后发展的需要。在设计时,要根据兔场的生产方向、经营特点、饲养规模方式和集约化程度等因素而确定。

兔场的规模主要以繁殖母兔的数量为标准。100只母兔每年能出栏商品兔3200余只(每只母兔以6胎/年、7只/胎、出栏率85%、受胎率90%计)。以单笼60厘米×60厘米三层重叠式兔笼为标准修建,每只母兔需3个笼位(一个为母兔笼位,两个为其所生仔兔笼位),每只母兔所需地面面积为0.36平方米,饲料道宽为1.0～1.2米,粪沟宽为0.6～0.8米。如1幢实用面积为25米×5米的房屋,若安装兔笼,则可摆放3列三层兔笼,每列114个笼位,共342个笼位;若考虑辅助设施,如饲料贮藏及加工车间、办公室、职工宿舍、道路、外墙、场区绿化等所需土地,约为生产区的2.3倍。以建设一个繁殖母兔300只,公兔40只,年产商品兔1万只的规模化兔场为例,约需生产区540平方米,管理区360平方米,生活区180平方米,绿化区180平方米,整个兔场占地约1260平方米。

一般生产中设计兔场,占地面积以1只基础母兔占用建筑面积0.6平方米计算,兔场的建筑系数为15%,300只基础母兔所需要面积为0.6÷0.15×300=1200平方米。

3. 风向和朝向　从防疫和公共卫生的角度考虑,兔场不可成为居民的污染源,同时也不可成为居民生活垃圾和其他养殖场及工厂排放(泄)物的污染对象。在兔场选址和设计时,要全面了解,认真规划。

兔场应位于居民区的下风方向,距离一般保持200米以上,既要考虑有利于卫生防疫,又要防止兔场有害气体和污水对居民区的侵害。要远离化工厂、屠宰场、制革厂、牲口市场等容易造成环境污染的地方,且避开其下风方向。注意当地的主导风向,可根据当地的气象资料和风向来考虑。另外,要注意由于当地环境还会引起局部空气温差,避开产生空气涡流的山坳和谷地。

兔场朝向应以日照和当地主导风向为依据,使兔场的长轴与夏季的主风向垂直。我国多数地区夏季盛行东南风,冬季多东北风或西北风,所以兔舍以坐北朝南较为理想,这样有利于夏季的通风和冬季获得较多的光照。

4. 水源 水是獭兔不可缺少的营养物质,其作用比一般的营养素(如能量、蛋白质等)还要重要。此外,水在兔场的其他工作中(如清洗消毒、工作人员生活)也必不可少。兔场不可一日无水!

兔场每日需水量较大,獭兔的需水量为采食量的 1.5~2 倍,夏季可为采食量的 4 倍以上。此外,兔舍笼具清洁卫生用水、种植饲料作物用水以及日常生活用水等的需水量不可小视。獭兔饮水对水质有严格的要求。水质状况将直接影响獭兔和工作人员的健康。因此,水源及水质应作为兔场场址选择优先考虑的一个重要因素。生产和生活用水应清洁无异味,不含过多的杂质、细菌和寄生虫,不含腐败有毒物质,矿物质含量不应过多或不足。一般可选用城市自来水,或河、塘、渠、堰的流水。在没有上述水源的地方,可打井取水。塘、渠、堰中的死水,因易受细菌、寄生虫和有机物的污染,必须取用时,可设沙缸过滤,澄清,并用 1% 漂白粉液消毒后使用。兔场水源要达到畜禽饮用水水质标准(表 6-1)

表 6-1　畜禽饮用水水质标准

项目		标准值 畜	禽
感官性状及一般化学指标	色(°)	色度不超过30°	
	浑浊度(°)	不超过20°	
	臭和味	不得有异臭、异味	
	肉眼可见物	不得含有	
	总硬度(以 $CaCO_3$ 计)(毫克/升)	≤1500	
	pH	5.5~9	6.4~8.0
	溶解性总固体(毫克/升)	≤4000	2000
	氯化物(以 Cl^- 计)(毫克/升)	≤1000	250
	硫酸盐(以 SO_4^{2-} 计)(毫克/升)	≤500	250
细菌学指标	总大肠菌群(个/100毫升)	≤成年畜10,幼畜和禽1	
毒理学指标	氟化物(以 F^- 计,毫克/升)	≤2.0	2.0
	氰化物(毫克/升)	≤0.2	0.05
	总砷(毫克/升)	≤0.2	0.2
	总汞(毫克/升)	≤0.01	0.001
	铅(毫克/升)	≤0.1	0.1
	铬(六价,毫克/升)	≤0.1	0.05
	镉(毫克/升)	≤0.05	0.01
	硝酸盐(以 N 计,毫克/升)	≤30	30

摘自 NY 5027—2001 无公害食品 畜禽饮用水水质

5. 其他　兔场是一个独立生产单位,既有内部的全部生产活动,同时与外界有着千丝万缕的联系。因此,兔场最好设在交通方便而又较为僻静的地方,可以避免噪声干扰和其他对兔场造成威胁的因素(如疫病的传播)。另外,兔场生产过程中产生的有害气体及排泄物会对大气和地下水产生污染，因此兔场应避开人流密集的居民区。一般选择距主要交通干线和市场300米(如设隔墙或天然屏障,距离可缩短至100米),距一般道路100米的地方,以便形成卫生缓冲带。兔场应设围墙与附近居民区、交通道路隔开。这样,既利于场内外物资的运输方便,又利于安全生产。兔场与居民区之间应有200米以上的间距,并且处在居民区的下风口,尽量避免兔场成为周围居民区的污染源。

兔场对电力有着很强的依赖性。越是规模化、集约化、现代化兔场,机械和电力设备越多,对电力的要求越强。如饲料加工、水塔上水、风机运转、供暖照明等。因此,兔场应设在供电方便的地方,还应有自备电源,以保证场内供电的稳定性和可靠性。电力安装容量每只种兔为3～4.5瓦,商品兔为2.5～3瓦。

(二)兔场布局

1.兔场功能区划分 按照科学分工,合理布局的原则及功能的不同,兔场一般可分为办公区、生活福利区、生产区、管理区、兽医隔离区等。

兔场是一个有机的整体,不同区域之间有着不可分割的联系。因此,在分区规划时,按照兔场兔群的组成和规模、饲养工艺要求、喂料、粪尿处理和兔群周转等生产流程,针对当地的地形、自然环境和交通运输条件等进行兔场的总体布局,合理安排生产区、管理区、生活区、辅助区及以后的发展规划等。总体布局是否合理,对兔场基建投资,特别是对以后长期的经营费用影响极大,搞不好还会造成生产管理紊乱,兔场环境污染和人力、物力、财力的浪费,而合理的布局可以节省土地面积、建场投资,给管理工作带来方便。基本原则是:从人和兔保健以及有利于防疫、有利于组织安全生产出发,建立最佳生产联系和卫生防疫条件。根据地势高低和主导风向,合理安排不同功能区的建筑物。分区规划必须遵循人、兔、排污,以人为先,排污为后的排列顺序;风与水,以风向为主的排列顺序。

办公区主要是兔场的管理人员及技术人员工作的场所。包括兔场负责人办公室、会议室、接待室、会计室、技术室等。

办公室是兔场决策领导工作的主要区域,对外联络、业务洽谈和财务决算、职工会议和技术培训等都在这里进行,人员和车辆来往频繁,因此要单独成院,独立设区,与生产区保持一定距离。位于交通便利、地理位置显著的地方。其地势和风向位于最佳处。

生活福利区是大型养兔企业用于职工生活和文体娱乐活动的区域。主要包括职工宿舍、食堂、浴室、文化娱乐场等。应设在全场地势较高地段和上风口,一般应单独成院。既要考虑照顾工作和生活方便,又要有一定距离与兔舍隔开。因此,应与办公区保持较近的距离,严禁与生产区混建。

生产区就是养兔区。建筑物包括各类兔舍,如核心种兔舍(种公兔、种母兔)、繁殖兔舍、幼兔舍、育成兔舍和肥育兔舍等。生产区是兔场的核心区,设在人流较少和兔场的上风方位,必要时要加强与外界隔离措施。优良种公、母兔(核心兔群)舍,要放在僻静、环境最佳的上风方位;繁殖兔舍靠近育成兔舍,以便兔群周转;幼兔舍和育成兔舍放在空气新鲜、疫病较少的位置,可为以后生产力的发挥打下良好的体质基础;肥育兔舍安排在靠近兔场出口处,以减少外界的疫情对场区深处传播的机会,同时便于与外界联系和出售。

管理区是兔场生产的物质保障区域的建筑群,包括饲料贮藏及加工车间、维修间、配电室、供水设施等。场外运输应严格与场内运输分开,负责场外运输的车辆严禁进入生产区,其车辆、车库均应设在生产区之外。饲料加工车间要建立在兔场和兔舍之间的中心地带,一是方便饲料运送,二是可以缩短生产人员的往返路程。管理区与外界联系较多(如饲料原料的购入,车辆进出等),饲料加工车间还可产生一定的噪声,因此,管理区与生产区应保持一定的距离。

兽医隔离区是诊治隔离病兔、处理病死兔和兔场垃圾的区域。包括兽医室、病兔隔离舍、无害化处理室、贮粪池和污水处理池等。该区是病兔、污物集中之地,是卫生防疫和环境保护工作的重点,为了防止疫病传播,应设在全场下风方位和地势最低处,并设隔离屏障(栅栏、林带和围墙等)。生产区与兽医隔离区之间的距离不少于50米,兽医室、病死兔无害化处理室、贮粪池与生产区的间距不少于100米。应单独设出入口,出入口处设置进深不小于运输车车轮1.5倍周长、宽度与大门相同的消毒池,旁边设置人员消毒更衣间。小区内道路要布局合理,分设清洁道(运送饲料、健康兔或工作人员行走)和污染道(运送粪便、垃圾、病死兔),应严格分开,避免交叉混用。道路应坚实,排水良好。

2. 道路 道路是兔场总体布置的一个组成部分,是场区建筑物之间、场内外之间联系的纽带,不仅关系到场内运输、组织生产活动的正常进行,而且对卫生防疫、提高工作效率都具有重要作用。生产区的道路应分为运送饲料、产品和工作人员行走的净道和运送病兔、死兔、粪便的污道。净道和污道不能交叉或混用,以有利于防疫。兔场道路的宽度要考虑场内和车辆的流量,尤其是主干道。由于主干道与场外运输道相连接,其宽度要保证能顺利错车,宽度应为5～6米。支干道与饲料室、兔舍等连接,其宽度一般在1.5～3米即可。

3. 绿化 场区绿化不仅可以美化环境,改善兔场的自然面貌,而且还可起到防火、防疫、减少空气中细菌含量、减少噪声等作用。夏季,树木和草地可阻拦和吸收太阳直接辐射,而树木和草地所吸收的辐射热,大部分用于蒸腾和光合作用。因此,能降低气温和增加空气中的湿度。植物可使空气中的灰尘数量大大减少,使细菌失去了附着物,从而数量相应减少。

兔场绿化分为舍前绿化、道路绿化、隔离带绿化和场界绿化等。舍前绿化以栽种树冠较大的树木(如柿、核桃、杨、梧桐等)为佳,便于遮荫;道路绿化分为主干道和支干道。主干道可栽种较高大的树木,而支干道较窄,两旁栽种低矮的灌木为宜(如黄杨树、侧柏等);隔离带绿化最好种植草坪草,也可以种植牧草,如苜蓿、三叶草、胡萝卜等;场界绿化可根据具体情况而定。如对于小型兔场,为了降低成本和改善环境,可高密度栽种花椒树,不仅代替围墙,降低建筑成本,而且绿化了环境,还可增加收入,其安全性较一般的围墙还要好。

(三)兔舍建造

1. 基本要求 地基的土层必须坚实,组成一致,干燥,有足够的厚度,压缩性小,地下水位在2米以下;基础比墙宽10～15厘米,基础埋置深度一般为50～70厘米。我国北部地区,应将基础埋置深度在土层最大冻结深度以下,同时还应加强基础的防潮、防水。

窗户的大小标准是有效采光面积与地面的比例。一般要求兔舍地面和窗户的有效采光面积之比为:种兔舍10∶1左右,幼兔舍15∶1左右,入射角不小于25°,透光角不小于5°。

兔舍门一般宽度1.2～1.5米,高2米;人行门宽0.7～0.8米,高1.8米。不设门坎和台阶;

屋顶坡度在寒冷积雪和多雨地区应大些,可采用高跨比。一般屋顶高度和屋的跨度的比为1∶2,即45°坡。

兔舍高度一般为2.5～3米,在我国南部地区可适当增加高度,而在北部寒冷地区可适当降低高度。但是,用多层笼养,最顶层兔笼离天花板的高度不应小于1.3米。

兔舍多为水泥地板,高出舍外地面20～30厘米。

兔舍的朝向应利于采光和通风。在我国大多数地区,兔舍一般应坐北朝南,兔舍的长轴与夏季的主导风向垂直。兔舍间距一般为舍高的4～5倍,最低不低于舍高的1.5倍。

2. 敞篷兔舍 该类型兔舍四面无墙,只有舍顶,靠立柱支撑。或两面至三面有墙,前面(后面)敞开或设丝网。其优点是通风透光好,空气新鲜,光照充足,兔舍干燥,獭兔的呼吸道疾病和消化道疾病发病率非常低。造价低、投资少、投产快。缺点是只能起到遮光避雨的作用,无法进行环境控制,不利于防兽害。适用于冬季不结冰或四季如春的地区。也可作为季节性生产(如温暖季节)使用。尤其在华北以南地区家庭兔场多采用。

敞篷兔舍一般高度2.2～2.5米,跨度大小不一,多在7米左右,地面高出舍外地平面20～30厘米。敞篷内放置数列(1～4列不等)笼具,或建造砖砌兔笼,笼具间设置走道或粪沟。

3. 室外笼舍 在室外以砖、石或水泥预制件等砌成的笼舍合一结构,一般2～3层重叠式(个别的建成4层)。种母兔间还可设产仔室。单列兔舍上部覆盖一较大而厚的顶,以遮阳挡风防雨雪。但多数室外笼舍两两结合,对面而建,中间留一个走道(一般宽度1.2～1.6米),两侧留粪沟。上面搭建顶棚以遮风挡雨,弥补单列室外笼舍的不足。其优点是通风,透光,干燥,卫生,造价低,兔体健壮,很少发生疾病,特别是呼吸道疾病较室内明显减少。其缺点是环境控制能力差,特别是冬季保温差。适用于干旱温暖地区小规模兔场。华北地区农家养兔多采用。

该种笼舍在目前我国中小型兔场具有较强的应用价值,尤其是经过改造之后,可以弥补其先天不足,同时更大地发挥其优点。改造方法如下。

其一,正如上面所说,两两配伍,相对而建,上面搭建顶棚,可以遮阳避雨,克服不良天气对家兔的影响和给管理带来的不便。

其二,寒冷季节,搭建塑料棚将整个兔舍封起来,起到增温保温作用。在河北以南地区的冬季,没有增加热源的情况下可以进行繁殖。

其三,在笼舍两侧种植藤蔓植物(如葡萄、丝瓜、眉豆、葫芦、爬山虎等),以其枝叶遮盖兔舍,可以起到遮阳降温作用。

其四,在最底层两侧每个兔笼往对面地下建造一个地下产仔室。产仔室深度一般45厘米(河北中南部,其他地区根据气温情况酌情增减),产仔室30厘米×35厘米,地下通道15厘米×17厘米。每个产仔室往上留一个直径约12厘米×12厘米的观察口,使所有的观察口均设在地面走道的中轴线上,用砖作为盖板统一盖住。这种地下产仔室具有温度恒定、环境安静和光线暗淡的优点,冬暖夏凉,可四季繁殖。母兔在地下室产仔,母性增强,90%以上的母兔均拉毛做窝。仔兔发育良好,成活率极高。

4. 封闭式兔舍 该类型兔舍与普通民房相似,上有屋顶遮盖,四周有墙壁,前后墙壁设有窗户,舍顶多双脊形,也可为平顶或拱顶。自然通风换气依赖于门、窗和通风口,也可根据气候特点和现代化程度增设机械通风和降温设备。其优点是有较好的保温作用,可进行舍内环境控制,便于人工管理,有利于防兽害。缺点是粪尿沟在舍内,有害气体浓度高,呼吸道疾病较多。特别是在冬季,通风和保温矛盾突出。该类型兔舍是目前我国应用最多的一种形式。

该兔舍跨度一般5~7米,最大控制在11米以内,长度一般在30米以内。兔舍的中轴线与当地的主导风向垂直(一般坐北朝南)。

5. 无窗式兔舍 又叫环境控制舍。该类型兔舍没有窗户(设应急窗,平时不使用),舍内的温度、湿度、通风、光照、清粪等全部人工控制。其优点:一是给兔创造一个适宜的环境条件,克服了季节的影响,可使獭兔周年生产,提高了生产力和饲料转化率;二是可降低鼠、鸟及昆虫等进入兔舍传播疾病的可能性;三是便于机械化、自动化操作和应用现代科学养兔技术,节省人力,减轻了劳动强度,提高了劳动效率。其缺点一是对建筑物和附属设备要求很高,务必达到良好而稳定的性能,方可正常运转;二是必须供给獭兔全价营养的饲料,否则,兔群的营养代谢病严重;三是兔群质量要求高,规格一致;四是对水、电和设备依赖性强,一旦某一方面发生故障,将无法正常运行。

无窗舍相当于一个现代化的车间,跨度和长度均较大,程序化管理,兔群周转实行"全进全出"。这样既利于控制疾病,又便于管理,可使獭兔年龄、体重、生理阶段等比较一致,达到最佳的生产效果。但是,必须有科学的管理手段、周密的生产计划、妥善的措施和严格的规章制度。目前,一些养兔发达国家的养兔公司多采用无窗舍,我国部分规模化兔场也已经开始使用。

二、笼具选用

(一)兔　笼

1. 金属兔笼　以镀锌网焊接或组装而成。分底网、顶网、前网、后网和侧网 6 片。一般将笼门、饲料槽、草架和悬挂式产箱安装在前网,要求坚固结实;自动饮水器安装在后网上;侧网也是左右相邻两个兔笼的隔网,为了防止相邻獭兔通过网孔吃毛,网孔间隙要小,一般在 1 厘米左右;一般兔子难以从上面逃跑,因此,顶网间隙可适当增大;底网是兔笼最关键的部件,不仅其承重最大,而且其质地、网孔大小等对兔子的健康和卫生影响很大。要求网丝直径稍大,网孔间隙 1.2 厘米(种兔)或 1 厘米(肥育前期)。

金属兔笼是目前国内外普遍采用的兔笼,具有轻便、可组装拆卸、通风透光、管理方便等优点,特别是有利于配合现代化的设备实行自动化管理,适合工厂化养兔。但是目前国内生产的金属笼具多数制作粗糙,耐腐蚀性较差,规格差异较大,没有统一标准等。使用一段时间后,在网丝上粘结很多脱落的兔毛,给清理和消毒带来很大的麻烦。金属兔笼一般连接成一体,一旦一只兔子受到惊吓而发出"警报",其他獭兔很容易受到影响;一旦一只兔子发生疾病,尤其是呼吸道传染病,其传染的速度比其他笼具快得多。此外,金属兔笼使人和兔相互的可视性增大,隐蔽性降低。尤其是在母兔产仔和泌乳期间，如果没有可隐蔽性的产箱，容易造成对母兔的应激。

2. 预制件兔笼 是用水泥预制件拼接而成。也分为上、下、前、后和两侧六个部分。但其前面一般为金属丝网作门，底部为竹踏板，后面或为金属丝网，或为带有通风孔的水泥板。其优点是制作方便，坚固耐用，耐腐蚀，耐啃咬，可视性较差，但隐蔽性增强，獭兔之间相互干扰较小。一旦发生传染性疾病，传播的速度较慢。可在室内，也可在室外。其缺点是笨重，占用空间较大。

3. 砖砌兔笼 用砖砌建而成，其结构与预制件兔笼相似。在农村家庭兔场使用较普遍。但是，原始的以土烧砖受到严格限制，因此砖砌兔笼不是发展方向。

4. 兔笼规格 兔笼规格没有统一标准，各地采用的尺寸相差悬殊。主要根据品种、体型、用途等决定。现将笔者推荐中国獭兔笼和一些发达国家使用的兔笼规格介绍如下（表6-2，表6-3和表6-4）。

表6-2 中国獭兔推荐兔笼单笼规格　（单位：厘米）

兔类型	宽	深	高	备注
大型种兔	80	55～60	40～45	公兔和母兔
中型种兔	70	50～55	35～40	公兔和母兔
小型种兔	60	50	35～40	公兔和母兔
肥育兔（前期）	66～86	50	30～35	每笼养殖7只
肥育兔（后期）	20～25	50	35	每笼1只

表6-3 德国兔笼规格

兔 别	体重(千克)	笼底面积(米²)	宽×深×高(厘米)
种 兔	≤4.0	0.2	40×50×30
种 兔	≤5.5	0.3	50×60×35
种 兔	≥5.5	0.4	55×75×40
肥育兔	≤2.7	0.12	30×30×30
长毛兔	1只	0.2	40×50×35

表6-4 法国克里莫育种公司兔场种兔笼规格

兔 别	体重(千克)	笼底面积(米²)	宽×深×高(厘米)	备 注
种母兔	≤5.0	0.35	38×92.5×40	其中产箱22.5×38
种母兔	≥5.0	0.43	46×92.5×40	其中产箱22.5×40
种公兔	≤5.0	0.43	46×92.5×40	

注:肉兔兔笼

(二)承粪板

承粪板是重叠式和半阶梯式兔笼上、下两层之间的隔板,用以承接上层兔笼的粪尿,防止直接落到下层笼内。承粪板可用多种材料制作。一般金属兔笼,多用薄而轻便光滑的玻璃钢、胶片板制作;固定式的水泥预制件兔笼和砖砌兔笼,多用水泥板、石板或石棉瓦制作。其总体要求:表面平整光滑坚实,有一定坡度(一般不小于14°),耐腐蚀,较轻薄。承粪板两侧对接要严密,防止粪尿从接缝中下漏。其后端要延伸兔笼后网8厘米左右,防止尿液流落到下层兔笼的后网。

(三)踏 板

踏板又称底网。是兔笼的底面,也是兔笼最关键的部件。

其肩负着承重和漏粪尿的双重任务,同时对兔笼的卫生、獭兔的健康有着重大影响。目前我国使用的踏板或底网大体有两种,一种是金属网(多用于金属兔笼),要求其网丝直径(一般为2.4毫米)要大于其他网丝,网孔间隙1～1.2厘米(大兔1.2厘米,小兔1.0厘米)。由于脚皮炎与底网有很大关系,有条件的兔场,可用镀塑底网,以降低脚皮炎的发生率;另一种为竹板踏板,不仅用于预制件兔笼和砖砌兔笼,金属兔笼也常使用。踏板是由若干个竹板钉制而成,板条要求平直坚挺,光而不滑,竹节锉平,不留钉头和毛刺。每一板条宽度2厘米左右,相互平行,不可一头宽,一头窄。板条一般用铁钉与2个托板垂直钉在一起,钉帽要隐藏于竹板表面以下。为了防止粪尿在踏板的四周边缘处积累,要求将托板(在踏板条底部起到托住和固定踏板的作用)钉在板条往里1.5～2厘米处,即不可让托板和板条在边缘相交。

(四)饲料槽

饲料槽是盛放饲料和饲喂的器具。其设计和制作是否合理,对于减少饲料浪费,提高工作效率有重大影响。尽管各地使用的饲料槽样式各异,但自动饲料槽是国际最为流行和科学的。

自动饲槽兼饲喂及贮存饲料作用。一般用镀锌板制作,也有的是铸塑料槽,多用于规模型兔场及工厂化、机械化兔场。一般悬挂于笼门上,笼外加料,笼内采食。料槽由加料口、贮料仓、采食口和采食槽等几部分组成。隔板将贮料仓和采食槽隔开,仅底部留1.5～2厘米的间隙,使饲料随着兔的不断采食,采食槽内的饲料不断减少,贮料仓内的饲料缓缓补充。为防止粉尘吸入兔呼吸道而引起咳嗽和鼻炎,槽底部应均匀的钻些小圆孔。

自动饲槽的优点很多。首先是操作方便。不用开门,可直接在笼外将饲料放入槽中。第二,便于采食。第三,有利于保持獭兔食欲旺盛。由于饲料随着兔子的采食而缓慢从贮料仓流入采食槽,始终保持饲料槽内少量的饲料,使兔子对饲料有常吃常新的感觉。第四,防止饲料浪费。料槽采食口有一内卷缘,可防止兔子扒料造成的浪费。第五,预防异物性鼻炎。料槽内的颗粒饲料,大约有1%~3%形成粉末(颗粒机质量不好时,粉末可达到10%以上)。这些粉末如果不及时清除,将在兔子采食时,随呼吸进入鼻腔,造成异物性鼻炎。自动饲槽的底部钻有很多小孔,可将颗粒饲料形成的粉末漏掉。第六,提高工作效率。自动饲槽贮料仓一般可盛放1~3天的饲料。在自由采食的情况下,可减少添料次数。

(五)草 架

草架是投喂粗饲料、青草或多汁料的饲具。使用草架可保持饲草新鲜、清洁,减少脚踏和粪尿污染所造成的浪费,预防疾病。我国以农民养兔为主体,以草为主。因此,草架是必备的工具。国外大型工厂化养兔场,尽管饲喂全价颗粒饲料,也有的设有草架,平时投放些粗饲料(如稻草),供兔自由采食,以防发生消化道疾病。草架以铁丝焊接而成,呈"V"形,多设在笼门上,也有的设在两笼之间,即两笼家兔合用一个草架。分为固定式和翻转式。兔通过采食间隙采食。

目前我国多数兔场采用颗粒饲料。从营养角度考虑,只要颗粒饲料配合合理,达到"全价营养"的要求,可以不喂青绿多汁饲料,也可以不设草架。但是,目前一些家庭兔场配制的饲料,营养并没有达到全价要求,经常出现营养缺乏症,而补充一些青绿饲料可以缓解由于饲料配合不当带来的弊端；从经济角度考虑，农村有大量的青绿饲料，采集方便，不用花钱，以颗粒饲料配合青绿饲料喂兔，可以节约大量的饲料费用；从生产效果看，补充青绿饲料可以预防种兔肥胖症，提高繁殖效率，还可以改善消化功能，调节胃肠功能，预防腹泻。因此，对于中小规模兔场，补充一些青绿饲料是很有必要的。而设置草架具有实际意义。

草架的采食间隙是关键。间隙过大容易漏草，起不到草架的作用。间隙过小不容易采食。一般间隙为2～2.5厘米；如果草架设在兔笼的前面，草架的外侧一面最好将铁棍排列得紧密些，或用铁板等制成无缝隙面，以防草叶或小草从外侧缝隙掉到下面，造成浪费；如果草架设在两个兔笼之间，即两个笼子合用一个草架。这种草架不占用走道空间，但占用笼子里面的空间，在兔笼设计时应考虑进去，防止獭兔因活动空间小而影响生产性能。草架表面一定要光滑，不留毛刺；两笼合用一个草架，其加草口要有足够大小，可使饲养人员的手抓一把草轻松放入。

(六)饮水器

饮水需要一定的器具——饮水器。小规模兔场多用瓶、盆或盒等容器作为饮水器，取材方便，投资小。但这种容器容易被粪尿和饲料污染，需经常清刷水盆，增加了劳动强度。此外，獭兔爱啃咬，经常弄翻容器，不仅影响饮水，还会造成兔舍潮湿。因此，自动饮水器是理想的饮水器具。自动饮水器有瓶式自动饮水器和乳头式自动饮水器两种。

瓶式自动饮水器是以瓶子作为盛水的容器，将瓶倒扣在特制的饮水槽上，瓶口离槽底2～3厘米，槽中的水被兔饮用后,空气随即进入瓶中,水流入水槽,保持原有水位(即瓶口与槽底之间的高度),直至将瓶中水喝完,再重新灌入新水。饮水器固定在笼门的一定高度上,饮水槽伸入笼内,便于兔子饮水,而又不容易被污染。水瓶在笼门外,便于更换。瓶式饮水器投资小,使用方便,污染小,防止滴水漏水,但由于其容量有限,需每日加水,适用于小规模兔场。

乳头式自动饮水器是由外壳(饮水器体)、阀杆弹簧和橡胶密封圈等组成。平时阀杆在弹簧的弹力下与密封圈紧紧接触,使水不能流出。当兔触动阀杆时,阀杆回缩并推动弹簧,使阀杆和橡胶密封圈间产生间隙,水通过间隙流出,兔子即可饮水。当兔停止触动阀杆时,阀杆在弹簧的弹力作用下恢复原状,停止流水。

此外,还有的乳头式自动饮水器不是靠弹簧推动阀杆密封,而是靠橡胶密封圈与阀座密封。也有的用钢球阀来封闭阀座的乳头式饮水器。

乳头式自动饮水器是目前最先进的饮水器具,国内外规模型兔场普遍采用。其具有饮水方便、卫生、省工、节约等优点。可以大大降低劳动强度,提高工作效率。但是,目前我国生产的乳头式自动饮水器质量存在一些问题,多数不耐用,漏水滴水现象普遍,造成兔舍内湿度大,给管理带来麻烦。该种饮水器对水的质量要求较高,否则输水管内容易滋生苔癣,不仅造成水管堵塞,而且容易诱发消化道疾病。

安装和使用乳头式自动饮水器应该注意以下问题。

第一,安装高度。生产中发现,一些兔场乳头式自动饮水器安装高度不够,多数在8~12厘米。一方面,大兔饮水需要低头,不符合獭兔饮水习惯,也容易造成滴水现象;另一方面,在炎热季节,獭兔身体往往靠近饮水器乳头,使水流到兔子身上,使兔子感到凉爽舒服,进而形成习惯,造成皮肤脱毛而发生皮炎。欧洲一些兔场乳头式自动饮水器的安装高度为18～20厘米。

第二,安装部位。通常人们将乳头式饮水器安装在笼子的前网或后网上,也有的安装在后面的顶网上(如欧洲)。如果安装在顶网上,一定要靠近后网,距离后网壁3～5厘米。有人担心饮水器安装过高仔兔喝不着水。其实仔兔是非常聪明的动物,其模仿性很强。当发现其母亲或其他仔兔饮水时,会很快学会喝水,即后肢着地,两前肢扒在后网上,立起饮水。

第三,乳头角度。如果安装在顶网上,要求乳头饮水器与地面垂直;如果安装在前、后网上,要求乳头饮水器与网有一定角度,以85°左右为宜。即让乳头稍向下倾斜。如果与网绝对垂直(90°角),水压低时出现下滴或回滴(沿乳头向后流水)。如果大于90°角,水将沿饮水器外流。

第四,水压。乳头式饮水器不可直接接在高压水管上,必须经过一次减压。即将自来水管的水放入兔舍的水桶里,再由水桶引入自动饮水器的输水管中。

第五,勤检查。发现漏水滴水,及时修理和更换;发现输水管中长了苔藓,及时清理消毒;发现水桶中出现积垢,及时清除。

(七)产 箱

产箱又称育仔箱。是母兔分娩和哺乳仔兔的场所。仔兔在产箱内要生活1个月左右,因此在设计上,要求保温性好,表面平整,大小适中,结构简单,母兔进出方便,仔兔不易爬出,给母兔创造安全舒适的环境。

产仔箱没有统一的规格,根据笔者研究,过大过小的产箱对母兔泌乳和仔兔发育都不利。根据种兔的体型确定产箱的大小。一般产箱长度相当于母兔体长的65%～70%,产箱宽度相当于母兔胸宽的1.5～2倍,高度可使母兔身体完全容下即可。

制作产箱材料可用木板,也可用胶合板、塑料板、纤维板等导热性较小的材料,尽量不用金属材料。产箱底面打一些小孔,便于通气和保持干燥。

目前国内使用的产箱形式多样,如平口产箱、月牙形缺口产箱、悬挂式产箱等。

1. 平口产箱 是最简单的一种形式。多用木板钉制,四面箱壁较矮,为12～15厘米。其优点是简单、省料,经济。缺点是不能给母兔创造安全的环境,母兔在产箱内可以环顾四周,有任何动静都可对母兔造成应激。由于是平口,主要照顾母兔进出方便,因此,箱壁较低矮,仔兔容易跳出。15天以后的仔兔,很难让其在箱内生活。生产中发现,该种产箱的使用效果不理想。

2. 月牙形缺口产箱 是国内使用最多的一种类型。与平口产箱相比,四周箱壁加高了,在一侧中央留有一个供母兔进出的呈月牙形的口。口处离箱底的高度与平口产箱高度相近,约12厘米。在产箱的上面后部,加了一条6～8厘米宽的挡板。在仔兔睡眠期(12天以前),可将产箱翻倒,以更方便母兔进出。仔兔开眼后竖起产箱,让母兔从月牙缺口处进出。其优点是简单实用,考虑母兔和仔兔的生理特点,使用效果尚可。但相对来说,也不能给母兔创造一个有安全感的环境。月牙缺口在中央,而仔兔集中的地方也在中央。当母兔跳进产箱时,往往四肢正好压在仔兔身上致伤仔兔。

3. 悬挂式产箱 是一种封闭式产箱,一般悬挂在兔笼的前面。在与母兔笼相对应的产箱的一面,留有一个圆形入口,便于母兔出入。其上部设有两个挂钩,以便悬挂在母兔笼上;产箱的上面是一个能开启的盖,以便观察和管理。产箱的其他各面均为封闭的。这类产箱模拟洞穴环境,给母兔创造一个安静、光线暗淡的舒适环境。与其他类型的产箱比较,该产箱最适应獭兔的生物学特性,给母兔创造一个最佳的产仔育仔环境,因此,效果很好。缺点是产箱制作比较复杂,重量较大,需要在母兔笼前面悬挂,占据走道的空间,对母兔笼的坚固性有一定的要求。

近年欧洲养兔发达国家普遍采用插板式产箱。即将母兔笼长度加大,当母兔即将产仔时,将母兔笼的前面以插板隔离出一个产仔箱。对着母兔笼的隔板上面留一个出入口,设置关闭阀杆。需要让母兔进入产箱哺乳时,将门打开,否则,关闭。此种产箱可设置上盖,以创造更加黑暗和安静的环境。

此外,国外一些兔场使用下悬式产箱。好似一个长方形的塑料筐,当母兔即将产仔时,将产箱安装在带有活动网的底网上(底网事先留有一个与产箱相吻合的口,平时用一块铁丝网板盖住,安装产箱时取下)。由于产箱镶嵌在底网上,位置较低,有利于母兔的出入,也可防止仔兔爬出滚落到外面。

三、常规管理程序

(一)喂 料

饲料是獭兔生长发育和繁衍后代的物质基础。没有全价的营养的饲料,就不会有好的饲养效果。但是,有了全价的饲料,也未必将獭兔养好。在喂料方面应科学确定喂料时间、次数和喂量,注意更换饲料时的过渡期。

1. 喂料时间 由于獭兔具有一定的生活习性,包括活动规律和采食规律,因此喂料等日常管理应按照其生物学特性去酌情安排。兔子具有昼伏夜行的特性,实践表明,其在日出和日落前后采食积极。因此,喂料时间应集中安排在清早和晚上。尤其是保证夜间满足采食,白天保证休息,对于养好獭兔是至关重要的。

2. 喂料次数 每日喂料次数是养兔爱好者经常提出的问题。至今也没有一个统一的规定。根据笔者经验,喂料次数不可千篇一律,要因兔制宜,因场制宜。小兔次数宜多,少食多餐,大兔次数宜少;颗粒料次数宜少,湿拌料(水拌粉料)次数宜多;干料次数宜少,青绿饲料次数宜多;冬季宜少,夏季宜多。一般来说,在以颗粒饲料为主的兔场,断奶前后的小兔每天4~6次,青年兔和成年兔每天2~3次即可。在每次喂料的时候,上次投喂的饲料已经全部吃光,料槽中是空的;自由采食的肥育兔、泌乳母兔等,可1天1次。只要保证饲料槽内有足够的饲料,而且不受污染,不受喂料次数的限制。

3. 喂料量 獭兔一天喂料多少,是养兔爱好者容易提出的问题。尤其是刚刚从事养兔的兔场,迫切要求知道每只兔子每天的具体喂料数量。这一问题很难用一个具体数字明确,也要因兔制宜、因料制宜、因时制宜。

所谓因兔制宜,是根据兔子的大小和生理阶段决定喂料量,即根据獭兔对营养的需求量确定喂料量。比如,刚刚断乳的小兔,一天喂料量为40~50克,而泌乳高峰期的母兔一天最多可接近500克,差异很大。个别兔子处于发情期、发病前期或发病期,食欲低下,喂量不可过多。

因料制宜,是说不同的饲料种类,特别是不同的营养浓度的饲料,喂量不同。獭兔的采食量随着能量浓度的变化而变化。能量水平越高,采食量越少。

因时制宜,是说看季节、时机和家兔的状态。比如,冬季采食量大,夏季采食量低,春、秋居中;遇有不良天气的时候,喂料量更应酌情;处于过渡期的獭兔(仔兔断奶、空怀至妊娠、妊娠至分娩、分娩至泌乳等)喂量要酌情,喂量宜少不宜多,逐渐过渡是关键。

笔者经过多年研究和生产调查,制定了獭兔不同生理阶段日供饲料量(表6-5),以供参考作用。

表6-5 獭兔不同日龄和生理阶段日供饲料量　　(单位:克)

兔龄(周)	日喂量	生理阶段	日喂量
4	40~45	肥育后期(3月~出栏)	140~150
5	50~60	妊娠前期(1~15天)	130~150
6	70~80	妊娠中期(16~20天)	130~170
7	80~90	妊娠后期(21~28天)	自由采食
8	90~100	围产期(产前产后各3天)	100~130
9	100~115	泌乳前期(产后3~5天)	130~200
10	115~120	泌乳中期(6~25天)	自由采食
11	120~130	泌乳后期(26天~断奶)	250~150
12	130~135	空怀期	130~150
13	135~140	种公兔	130~170

注:1.饲料营养浓度应达到饲养标准;2.中型(成年体重3.5~4千克)和中等生产水平。可根据体型体重和生产性能酌情增减;3.指春、秋两季,冬季适当增加(5%~8%),夏季酌减(5%~8%);4.日供饲料量指采食量,如果有饲料浪费量应给予补充

4.饲料过渡　生产中改变饲料是不可避免的,无论是饲料形态的改变,还是饲料配方的改变,无论是饲料来源地的改

变,还是饲料生产厂家的改变,或加工方式的不同等,都将对兔子的采食和消化产生一定的影响。其影响程度与改变的幅度大小有关。如果两种饲料差异较大,改变突然,很容易产生严重后果。

有人将改变饲料比作"改善生活",这是不对的。獭兔消化道微生物系统和酶系统与经常饲喂的某种饲料是适应的,即消化道系统与饲料是和谐的。当饲料突然改变,必然改变消化道的内环境,从而造成消化酶分泌不协调,特别是微生物体系平衡的破坏,出现消化功能紊乱,导致腹泻、便秘或其他疾病。

保持饲料相对稳定是养殖獭兔的一个基本常识,如果需要改变,必须有一个过渡期。而过渡期的时间依据饲料变化大小确定,一般3～7天。

一般过渡期分三个阶段,第一阶段喂原来饲料2/3,新饲料1/3;2～3天后改为原来饲料1/3,新饲料2/3,第三阶段用2～3天时间全部换成新饲料。

过渡期间喂料量适当减少一些。如果饮水中或饲料中添加微生态制剂效果更好。在饲料改变不大的情况下,加大微生态制剂的用量也可以不过渡或减少过渡时间。

(二)饮 水

水占獭兔体重的65%以上。水作为最重要的营养素之一,是所有原料中最廉价的,也是在生产中最容易被忽视的。水对于獭兔的生长发育、繁殖、生产性能和疾病都具有重大影响。如果让水和料进行比较那个更重要,可以这样讲:獭兔可一日无料,但不可一日无水。饮水中应注意饮水量,饮水方式等。

1. 饮水量 饮水量受到年龄、体重、生理阶段、生产性能、饲料种类、环境温度以及饮水器具的影响。小兔的绝对饮水量较少,但相对饮水量高于大兔;生长期需水多于育成期,妊娠期高于空怀期,而低于泌乳期(表6-6)。产仔数越多;生产性能越高,饮水量越大;在补充青绿饲料的时候,饮水量少于饲喂全价颗粒饲料。也就是说,饲料中的含水量越少,兔子的饮水量就越多。饮水器械也影响供水量。比如,开放式的饮水盆由于水分的蒸发和饮水污染,供水量增加后而水的有效利用减少;良好的自动饮水器相对卫生和封闭,水污染和浪费较少。但是,劣质的自动饮水器,饮水的浪费也是非常严重的。

表6-6 獭兔不同生理状态下每天的饮水量

类 型	日需水量(升)
妊娠或妊娠初期母兔	0.25
妊娠后期母兔	0.57
种公兔	0.28
哺乳母兔	0.60
母兔+7只仔兔(6周龄)	2.30
母兔+7只仔兔(7周龄)	4.50

在对饮水量影响的众多因素中,环境温度的影响最明显。据测定,在5℃的气温条件下,兔子的饮水量是采食量的1.8倍;15℃条件下,饮水量为采食量的2倍左右;25℃时,饮水量是采食量的3倍左右;当气温达到30℃时,饮水量相当于采食量的4倍;如果温度升高至35℃时,饮水量可达到采食量的5倍以上。

2. 饮水方式 生产中饮水方式有两种:一是自由饮水,一是定时供水。主要取决于饮水器具。目前,国内外大型兔场均采用乳头式自动饮水器,可以满足兔子自由饮水的需求。但是,国产乳头饮水器质量多不过关,滴水漏水严重。不仅造成浪费,更重要的是使兔舍内潮湿,导致多种疾病的发生。定时供水多使用小型饮水器具,如盆、罐、盒等。其优点是就地取材,可根据兔子的具体情况在饮水中添加一些药物、营养素或生理活性物质。但是,其致命缺点是容易被污染,容量有限,添加水劳动强度大。

3. 饮水注意的问题 第一,定期检测,水质要达到无公害畜禽用水标准;第二,严格水源管理,防止污染,加强饮水的控制,尽量避免水的污染;第三,冬季寒冷季节,注意水的温度。如果水温过低,容易导致断奶仔兔腹泻;第四,加强对自动饮水器的管理,防止滴水漏水,注意观察输水管是否长苔。如果长苔,及时清理或更换。

(三)兔舍清理

兔舍清理,包括笼具的清理、粪尿的清理和地面的清理等。是重要的日常管理内容,对于保持兔舍内环境卫生,降低湿度和提高空气质量,预防疾病是非常重要的。

笼具的清理是重点。因为兔子直接与笼具接触,笼具内的卫生状况,尤其是病原微生物含量和种类,对兔子的健康有重大影响。因此,首先应保证与兔子直接接触的环境良好,如踏板、笼壁、饮水器和饲料槽。

生产中发现,凡是踏板非常干净的兔场,兔子的消化道疾病很少。踏板越脏,腹泻越严重。这是由于一旦个别兔子发生腹泻,污染了踏板,同笼或周边的兔子很快发病。因此,每天观察踏板卫生状况,发现有粪便存在,尤其是稀便,及时清理和消毒,并查出患病兔及时隔离。

笼壁也直接与兔子接触,最容易粘附污毛,成为污染源。平时发现有少量污毛,及时用刷子刷掉。当春、秋换毛季节大量污毛粘附时,最好用火焰喷灯处理。

饲料槽的清理是一项细致的工作。很多饲养员在每天喂料时不观察料槽是否卫生、里面是否有料,或剩料是否有粉尘、是否被污染或受潮等,便直接往里面加料。一般情况下,如果每天定时喂料2～3次,在每次喂料时,上次的饲料应该全部采食干净。如果发现有大量饲料剩余,一方面可能兔子有病,或饲料质量有问题,兔子不爱采食,或添加的饲料与需要量差距较大。在这种情况下,应及时查找原因,调整喂料方案。

(四)兔舍消毒

兔舍消毒是重要的日常管理工作。尤其是在疾病多发季节,或正在发生疾病的兔场,科学的消毒对于预防疾病的发生和控制疾病的蔓延起到重要作用。

关于兔舍消毒,一些兔场存在诸多误区。比如,消毒越勤越好、药物越浓越好、混合喷要比单一药物好,等等。不仅没有控制疾病,反而造成疾病频发,饲养效果很差。

1. 消毒次数 一些兔场采取"程序化、规范化"的消毒方案,每3天或每周消毒1次,连每次消毒所用药物都列得一清二楚。尽管频繁消毒,投入了大量的人力、物力和财力,但效果很不理想。

消毒次数没有固定的模式,要根据具体情况而定。一般来说,密闭式兔舍,通风光照较差,湿度较高,病原微生物容易滋生繁衍,可适当增加消毒次数;开放式兔舍,尤其是敞篷式兔舍,通风透光,干燥卫生,病原微生物浓度较低,可减少消毒次数;春、秋气温多变季节,病原微生物活动猖獗,可适当增加消毒次数。

具体消毒次数没有严格的规定。一般密闭式兔舍,可每3～5周消毒1次,敞篷式兔舍,每5～9周消毒一次。春、秋两季各增加1～2次;在疾病易发期,每周消毒1次,当兔场发生疾病期间,每天消毒1次。尤其是局部(发病兔子的周围环境)更应重视消毒。

消毒次数过多不是好事。每次消毒,对兔子都要造成一定的应激。药物本身也有一定的刺激气味。长此以往,对健康兔会产生一定的副作用。

2. 消毒方法 消毒方法很多,如药物喷施法、火焰焚烧法、熏蒸法、浸泡法、阳光暴晒法、生物发酵法等。药物喷施法应用比较普遍,适合于兔舍环境、粪沟和笼具。火焰焚烧主要用于春、秋两个季节的后期,尤其是兔毛粘附在笼具上,用其他方法难以奏效时采用;也适于发生烈性传染性疾病的环境消毒。熏蒸法适于空舍消毒,尤其是全进全出的兔场。当一批兔子全部出栏或淘汰时,将兔舍清空,利用熏蒸消毒剂进行彻底消毒,并保持封闭兔舍一定时间。浸泡法适合用具和笼具,如金属饲料槽、饮水器等。阳光暴晒法适合笼子、产箱、垫草等;生物发酵法适于粪便和废弃物。

3. 消毒程序 消毒效果的好坏,一方面取决于消毒方法、药物种类、药物浓度和用药量,以及温度和湿度等环境条件;另一方面取决于消毒程序。要达到理想的消毒效果,应把有效药物或其他手段直接作用于欲杀灭的微生物。因此,在消毒之前,应先进行清理。比如,兔舍地面打扫、粪沟清空、笼具(如踏板)清理等,然后再喷施药液或其他;饲料槽和饮水器在消毒之前,宜在清水里洗刷,然后用药液浸泡或阳光暴晒;产箱同样先进行清理、洗刷,而后放置阳光下。如果兔舍全部清空,在进行熏蒸消毒之前,先清理和清刷,再进行其他的方法消毒,最后熏蒸,密闭一定时间。

4. 药物选择 消毒通常使用消毒药物,而在药物的选择上很多兔场存在严重的盲目性。药物选择要有针对性,即为什么消毒,主要杀灭哪些微生物,这些微生物对什么药物敏感,在进行消毒之前都应一清二楚。药物选择不好,不会有好的消毒效果。如果盲目用药,或消毒方法不对,不仅达不到消毒效果,还可能产生副作用,甚至造成危害。

表6-7列出常用化学消毒剂的特点和使用范围,以供参考。

表6-7 常用消毒剂的种类及特点

类别	品种	杀菌力	刺激性和腐蚀性	安全性	稳定性	适用范围	备注
过氧化物消毒剂	过氧乙酸	强	强	差	差	环境、空舍	破坏黏膜
	过氧化氢(双氧水)	强	强	差	差	环境、空舍	破坏黏膜
	过氧戊二酸	强	强	差	差	环境、空舍	
	臭氧	强	无	较安全	差	饮水、环境	
	二氧化氯(复合亚氯酸钠)	强	无	安全	稳定	饮水、带畜、环境、器械等	
	Virkon过硫酸复合盐	强	无	安全	稳定	饮水、带畜、环境等	
有机氯消毒剂	二氯异氰脲酸钠	强	较强	差	水溶液不稳定	饮水、环境、工具等	破坏黏膜
	二(三)氯异氰脲酸	强	较强	差	一般	饮水、环境、器械等	破坏环境

续表 6-7

类别	品种	杀菌力	刺激性和腐蚀性	安全性	稳定性	适用范围	备注
有机氯消毒剂	氯胺-T 甲苯磺酰胺钠	强	较弱	较安全	水溶液不稳定	饮水、带畜、环境等	
	二氯二甲基海因	强	较弱	安全	稳定	饮水、带畜、环境等	
无机含氯消毒剂	次氯酸钠	很强	强	差	很差	环境、空舍	破坏黏膜和环境
	漂白粉	强	强	差	很差	环境、空舍	破坏黏膜和环境
	漂(白)粉精	强	强	差	差	环境、空舍	破坏黏膜和环境
	氯化磷酸三钠	强	强	低毒	较稳定	环境、空舍、去污、浸泡	有弱蓄积毒性
	碘酊和碘甘油	较强	强	差	很差	环境	破坏黏膜和环境
	复合碘	较强	强	差	一般	环境、空舍、饮水	
碘制剂	碘伏(非离子型 PVP-I/NP-I)	强	无	最安全	很稳定	饮水、黏膜、带畜、环境、伤口治疗等	
	碘伏(阳离子型 季铵盐碘)	强	无	安全	很稳定	带畜、环境等	破坏环境

续表 6-7

类别	品种	杀菌力	刺激性和腐蚀性	安全性	稳定性	适用范围	备注
碘制剂	甲醛	一般	强	差	不稳定	环境	温度对熏蒸效果影响很大
醛类消毒剂	碱性戊二醛	强	较弱	较安全	不稳定	带畜、环境、器械、水体等	破坏黏膜、致癌、致畸
	酸性戊二醛	强	较弱	较安全	较稳定	带畜、环境、器械、水体等	
	强化酸性戊二醛	很强	较弱	较安全	较稳定	带畜、环境、器械、水体等	强化增效剂,杀菌效果增倍
	邻苯二甲醛 OPA	很强	无	安全	很稳定	带畜、环境、器械、水体等	
酚类消毒剂	苯酚(石炭酸)	弱	强	差	稳定	环境	致癌、蓄积毒性、破坏环境
	煤酚皂液(来苏儿)	稍强	强	差	稳定	环境	致癌、蓄积毒性、破坏环境
	复合酚(农福)	强	强	差	稳定	环境	致癌、蓄积毒性、破坏环境
	氯甲酚溶液(4-氯-3-甲基苯酚)	很强	无	安全	稳定	带畜、车辆、环境、器物等	

5. 药物浓度 喷施药物一定要严格按照说明书操作,把握药物的使用浓度。并非药物越浓效果越好。一般的消毒药物均有一定的毒副作用,有些药物的腐蚀性和破坏力很强,使用不当不仅伤及兔子,毁坏笼具,甚至对饲养人员造成伤害。多数药物在水溶液状态下容易分解,药物必须现用现配,不可长时间放置。配好的药液保存时间应控制在 4 小时以内。

(五)转 群

仔兔断奶后需要离开母兔,到一个新的环境中去;后备种兔到一定时候进入繁殖期,也往往需要离开原来的兔舍。在集约化兔场,往往将产仔室和母兔养殖室分开,同样需要从一兔舍或车间到另一地方的过程。这些都称为转群。

转群是兔场经常性的工作,由于转群对兔子的捕捉、转运和环境的巨大变化,对兔子产生很大的应激,致使其抗病力下降,继而容易产生一系列的问题。抓好转群应注意以下几点:

第一,转群前后各 1~3 天饮用电解多维,以增强抗应激能力;转群前后各 3 天,饮水中或饲料中添加微生态制剂,以调整和强化胃肠功能。

第二,转群所用运输笼更规范,底网稠密,1 笼 4 格,1 兔 1 格,相互隔开,防止互相咬架。运输车辆视距离远近而定。较长距离转群,最好用具有防风防雨防晒功能的车辆,如面包车等。短距离转群可使用卡车、人力车或其他,尽量不用噪声和颠簸较严重的拖拉机。运输途中要慢行,尽量减少颠簸和震动,不要突然起步和刹车。

第三,运输转群到达目的地之后尽快将兔子安顿在新的笼舍中,记录有无异常。先行休息,然后饮水,最后喂料。饲喂原来的饲料,配方在 1~2 周内不改变。前 3 天喂量控制在平时喂量的70%～80%；

第四，做到四个不转。即体重过小者(35天不足500克)不转、体质过弱者不转、患病兔不转、天气不良不转。

(六)其他管理

其他管理,如通风、温度控制等,也是不可忽视的。

1. 通风 密闭的兔舍内,由于家兔的饲养密度大,排泄物较多,加之湿度和温度适宜,在较短的时间内会有很多有害气体产生,同时降低了兔舍内氧气含量。如果不及时通风换气,对兔子健康造成威胁。一般中小规模兔场,春、秋季节靠自然通风,即打开门窗。但夏季和冬季,靠自然通风是不行的,应该辅以机械通风。总的原则,通过自然或机械通风,使兔舍内保持良好的空气质量,有害气体控制在标准范围以内。

2. 温度控制 温度对獭兔的影响很大,尤其是极端气候条件下,不仅影响獭兔的生产性能,还会影响其健康和生命。一年四季保持良好的温度状况是提高獭兔健康水平和生产性能的关键之一。尽管獭兔适宜的温度是15℃～25℃,但是,在目前我国饲养条件下,始终保持这样的温度条件在绝大多数地区和兔场难以实现。獭兔对环境温度有一定的适应性和耐受力,只要使兔舍温度控制在一定范围,对生产性能不会造成很大的影响。

夏季要将兔舍内的温度降至30℃以下,尽量不超过33℃。当自然通风不能控制时,要辅助机械通风。有条件的兔场可安装湿帘。冬季控制兔舍内温度在5℃以上,兔舍内不可结冰。必要时可采取增温措施(如暖风炉、煤火等)。骤然升温或降温对兔子的伤害是难以估量的,管理上要特别注意。

四、种公兔饲养管理

公兔质量的好坏,一方面直接影响母兔的受胎率和产仔数,另一方面极大地影响其后代的生活力和质量。对于一个个体,公兔和母兔的影响相等或母兔效应大于公兔(在胚胎和哺乳期间的母体效应),但对于一个群体而言,公兔的效应远远大于母兔。只有好的优秀种公兔,才能获得大量优质后代。这就要求我们精心培育种公兔,使之品种纯正,发育良好,体质健壮,性欲旺盛,精液品质优良,配种能力强,将其优良的品质遗传给后代。为实现以上目的,当公兔的基因确定之后,饲养管理起到决定性的作用。

(一)种公兔的饲养

首先,把握饲料质量。一方面注意饲料的可消化性,另一方面注意其适口性。按照营养标准配合日粮,避免长期大量喂给低浓度、大体积、高水分的粗饲料和多汁饲料,以防形成草腹和造成体质不良,影响配种能力;其次,保证营养的长期稳定性和全价性。季节性配种的兔场(如南方夏季炎热,北方冬季寒冷,停止配种),在休闲期可降低营养浓度,但在配种期之前,应该逐渐增加营养水平,使之逐渐达到饲养标准。在种公兔的营养中,应重视蛋白质、必需氨基酸、维生素和矿物质的供应。

对于种公兔的饲养一般掌握以配合精料为主,青饲料和粗饲料为辅,日粮蛋白质水平控制在 16%～17%。在冬、春缺青饲料季节适量补充胡萝卜、麦芽、白菜等富含维生素的饲料,注重维生素、微量元素添加剂和矿物质的补充。喂料量根据配种强度的大小和种兔体型、体况(膘情)而灵活掌握,一般每只日喂 150 克左右。不可因营养过盛而造成肥胖,也不应营养不良而使其体质下降。

(二)种公兔的管理

1. 控制体重 不少人认为种公兔体重是种用价值的标志,即体重越大越好。这种观点是片面的、错误的。种公兔的种用价值不仅仅在于外表,而重在能将其优良的品质遗传给后代。一般来说,种兔的体重应适当控制,体型不可过大,否则,带来一系列的问题。首先,体型过大发生脚皮炎的几率增大。据笔者调查,5千克以上的种公兔,脚皮炎发病率在80%以上,而4~5千克的种公兔患病的比率为50%~60%,3~4千克的种公兔仅20%~40%。3千克以下的基本不发病。体型越大,脚皮炎的发生率越高,一旦患脚皮炎,配种能力大大降低,有的甚至失去种用价值。其次,体型过大性情懒惰,爱静不爱动,反应迟钝,配种能力下降,配种占用时间长,迟迟不能交配成功。第三,体型越大,种用寿命越短。第四,体型越大,消耗的营养越多,经济上也不合算。控制种公兔体重是一项技术性很强的工作,从后备期开始,配种期坚持。采取限饲的方法,禁用自由采食。饲料质量要高,但平时控制在八成饱,使之不肥不瘦,不让过多的营养转变成脂肪。对于种公兔的体重,一般采取前促后控。即在3月龄以前以促为主,5月龄以后以控为主。基本保持成年体重在4千克左右。

2. 控制初配时间 家兔是早熟家畜,3月龄以后即达到性成熟,但进入正式配种期需要在7月龄左右。如果过早配种,不仅影响自身生长发育,还影响后代的质量,减少公兔的使用寿命,造成早衰。一般来说,公兔的早配是管理不当引起,即在兔子性成熟时没有及时将它们隔离,造成偷配和早配。为了防止此类事件的发生,当兔子达到3月龄以后,应及时将留种的后备兔单笼饲养,做到1兔1笼,将那些不留种的公兔及时出售。

3. 控制使用强度 公兔的配种次数取决于公兔的体型、体质、年龄、季节和配种任务的大小。一般来说,对于初次配种的青年种公兔和3岁以上的老龄兔,配种强度要适当控制,以每天配种1～2次,隔日或隔2日休息1天;对于1～2岁的壮龄兔,可每天配种2～3次,每周休息2天。公兔的体型和体质非常重要,对于体型较大和体质较差的公兔,绝不能超强度配种,否则体质很快衰退而难以恢复。春、秋季节配种比较集中,在保证种兔营养的前提下在短期内适当增加配种强度,但在夏季高温季节,配种强度要严格限制。而且配种时间安排在早晨和晚上。

4. 适时更新兔群 通常情况下种公兔的利用年限为1～2年(即种公兔1.5～2.5岁),个别优秀个体可适当延长,但一般不超过3年。由于獭兔周转很快,利用强度较大,而且老龄兔在配种能力上与青年兔有较大的差异,因此无须饲养较大比例的老龄公兔。

5. 确定适宜的公母比例 在本交情况下,一般的商品兔场公母比例以1:10～12为宜,一般的种兔场,比例应为1:8左右,而以保种为目的的兔场可为1:5～6。但还应考虑到兔场的规模。规模越大,其比例可适当增大,反之应缩小。为了防备意外事件的发生(如公兔生病、患脚皮炎、血统一时调整不开等),应增加适量的种公兔作为后备。

6. 控制饲养环境 公兔群是兔场的最优秀群体,应特殊照顾,给予提供理想的生活环境,应减少应激因素,适当增加活动空间(笼具面积宜大些,以增加运动量)。夏季防暑是养好公兔的首要举措,炎热地区有条件的兔场,在盛夏可将全场种公兔集中在空调间里,以备秋季有良好的配种效果。种公兔脚皮炎发生的比例较大,一是由于公兔的性情活泼,运动量大,发现异常情况后多以后肢拍击踏板,造成对脚掌的损伤;二是由于公兔配种时两后肢负担过重。预防脚皮炎一方面加强选种工作,选择和培育脚毛丰厚的个体;另一方面应加强管理,特别是提高踏板的质量,一般以竹板为原料,应做到平、直、挺,间隙适中(以1.2厘米为佳),不留钉头毛刺,平时保持干燥和干净,防止潮湿和粪便累积。夏季由于温度高,公兔的阴囊松弛,睾丸下垂,有的垂到踏板以下。如果踏板有钉头毛刺等锐利物,很容易造成阴囊和睾丸的损伤而发生睾丸炎,失去种用价值。而且公兔的体重越大,睾丸发育越大,睾丸炎发生的比例越高,对此应引起高度重视。

五、母兔饲养管理

种母兔按生理阶段的不同可划分为三个时期:空怀期、妊娠期和泌乳期。三个时期特点不同,应采取不同的饲养管理方法。

(一)空怀母兔的饲养管理

母兔的空怀期又称为休养期,是指上胎小兔断奶至下次配种之前的体况调整期。由于母兔在妊娠和泌乳期间营养消耗较多,多数母兔在空怀期体况较差。此期饲养管理的中心工作是调整膘情,恢复体力,促使早发情,早配种,提高繁殖率。

空怀期母兔的饲养方式因兔场的具体情况不同而异。对于多数家庭小规模兔场,空怀期母兔应以青饲料为主,精料为辅,根据膘情,酌情补料,一般日补充精料 50～100 克;对于规模较大而饲喂全价配合饲料的兔场,此期饲料配方应作适当的调整,即增加粗纤维含量,减少能量和蛋白质比例,每天每只母兔饲喂量 130～150 克;而对于全场饲喂一种饲料(不分品种、大小、生理阶段)的兔场,应严格控制饲喂量,每天每只母兔控制在 130 克以下。

生产中母兔妊娠期饲养容易出现两种情况,一种是空怀期母兔不减料,仍然自由采食,致使母兔养得过肥,造成长期不发情或配种受胎率低;另一种是忽视空怀期母兔的饲养,使之不能很快复膘,体质较差,同样造成长期不发情,发情症状不明显,受胎率低,即便受胎也容易流产、产弱胎或死胎,产后泌乳量不足,影响仔兔的发育。

母兔空怀期的长短没有统一的规定。养兔发达国家,由于给獭兔提供理想的环境条件(主要是温度、营养和通风换气),母兔基本上没有空怀期,即始终处于一种紧张的繁殖状态,不是妊娠就是泌乳或者是泌乳妊娠(边泌乳边妊娠),1 年繁殖 8～10 胎,以充分挖掘獭兔的生产潜力。但是由于我国多数地方环境控制能力较差,尤其是温度不能人为控制在一个适宜的范围内,特别是夏季的炎热和冬季的严寒,使得母兔繁殖有明显的季节性,即春季和秋季基本没有空怀期,而夏季和冬季空怀期较长。正因为这样,母兔空怀期的饲养管理才显得格外重要。

如果季节和气候合适,应尽量缩短母兔的空怀期,采取适当提高营养水平等特殊的催情措施。在母兔配种前 7～10 天,对母兔实行"短期优饲",即提高母兔饲料的营养水平,增加精料量 30%,同时加喂胡萝卜、大麦芽和优质青饲料,有利于早发情,多排卵,多产仔。

为了提高笼具的利用率,母兔在空怀期可实行群养或2～3个母兔在一个笼子里饲养。但必须注意观察发情表现,以便及时配种。由于母兔在妊娠期和泌乳期不适于注射疫苗和投喂药物,因此这些工作尽量集中在母兔的空怀期进行。

(二)妊娠母兔的饲养管理

妊娠期又称怀孕期,是指母兔从配种受胎到分娩,计1个月左右的时间。从组织胚胎学的角度,母兔的妊娠期分为三个阶段,即1～12天为胚期,13～18天为胚前期,19天至分娩为胎儿期。前两个时期以细胞的分化为主,胎儿的绝对增重很少,而胎儿期增重迅速,仔兔出生体重的90%左右是在胎儿期增长的,因此妊娠后期需要较多的营养。

在实际生产中,将母兔妊娠期划分为两个阶段,即妊娠前期(1～15天)和妊娠后期(16天至分娩)。前期由于胎儿的绝对增重较少,需要的营养不多,此期无须大幅度提高母兔的营养水平,可与空怀母兔接近或稍有提高即可。否则,母兔妊娠后马上大幅度提高营养水平,特别是能量水平,将导致胎儿的早期死亡。其具体的喂料量及营养水平,仍然是根据每只母兔的具体情况而酌情掌握。即当母兔的膘情较好时,与空怀母兔一样对待;膘情较差者,适当增加营养水平和饲喂量(15%～30%),这样一直至妊娠第15天。此后,由于胎儿发育的加快和营养需求量的不断增加,应逐步提高营养水平和喂料量,向自由采食(20天后)过渡;20～28天为自由采食期;28天以后由于胎儿重量和体积增大,占据骨盆腔和腹腔的大部空间,挤压胃肠,造成消化道功能失调,大多数母兔此时食欲降低,有的甚至绝食。若这时管理不当,有可能造成不良后果。必须将喂料数量降下来,在饲喂适量全价料的同时,补喂一些母兔喜欢采食的青绿多汁饲料,以防止母兔绝食。

母兔在妊娠期管理工作的重点是保胎防流。造成母兔流产的原因主要有以下几种:机械性流产(如摸胎时用力过大过猛、捕捉追赶、挤压摔撞等)、精神性流产(如惊吓)、强配性流产(母兔妊娠后没有及时与公兔分开,被一些公兔再次强行配种,由于精液中有一些可刺激母兔生殖道收缩的激素类物质,加之强配时激烈的运动与反抗,造成强配后不久流产)、中毒性流产(体内外的毒素中毒,以饲料中毒最为多见,比如发霉饲料、有毒植物、大量的青贮饲料、农药、药物等)和疾病性流产(母兔在妊娠期间患病,均有发生流产的可能)。而在生产中由于惊吓、发霉饲料和有毒饲料(特别是棉籽饼)中毒所造成的流产更为多见,应重点预防。母兔流产多发生在妊娠12天以后和25天以前,流出成型或不成型的胎儿,并流失较多的血液。母兔精神不安,应加强护理,保持安静,并补喂一些营养较高、适口性好、富含维生素的饲料。为防止感染其他疾病,可饲喂一些抗生素药物。在一个较大的兔场里,偶尔出现一两只母兔流产问题不大,但在短期内屡次发生流产,数量较多,应引起高度重视,立即查找原因,有针对性地采取措施加以控制。

做好产前准备工作是母兔妊娠后期管理的重点。在妊娠28天,应将产仔箱清洗消毒并晒干,放入一些柔软、保温和吸湿性较强的垫草,把产箱置入母兔笼内,使其适应环境。垫草质量对于仔兔的发育和成活率有很大影响,切忌有异味和坚硬粗糙的垫草,也不可用带有线头的丝棉物作垫草。因为母兔在产仔期间对于气味很敏感,凡是有动物的尿液味(如被老鼠粪尿污染的物体)、腥臭味(如鸡毛、鸭毛)和发霉的草,都将引起母兔的疑惑和反感,可能导致食仔的发生。粗硬的垫草不能形成固定的理想窝形（锅底状）而起不到保温效果，还由于粗硬刺伤仔兔皮肤而发生脓毒败血症。凡是线头类物质均容易缠绕仔兔颈部窒息而死。母兔产前1～2天开始拉毛叼草做窝，这是母兔母性强的重要标志。凡是产前拉毛做窝的母兔，其母性较强，会护仔育仔，泌乳量也较大。母兔拉毛有三个作用：第一，拉毛可刺激乳腺发育，提高泌乳力。试验表明，在产前拉毛的母兔，前5天平均泌乳量在80克以上，而不拉毛的母兔在同期泌乳量低于此数。如对于不拉毛的母兔实行人工辅助拉毛，其泌乳力接近自然拉毛的母兔。第二，母兔被毛具有良好的保温御寒作用，是仔兔的天然被褥。由于仔兔惧怕寒冷，没有母兔所拉下的被毛，仔兔就要受到寒冷的威胁，成活率受到严重的影响。笔者调查，在春、秋季节对于205胎母兔的统计，拉毛母兔（153胎）和不拉毛母兔（52胎）繁殖成活率分别为93.75%和72%，可见拉毛的重要作用。第三，拉毛可使乳头暴露，便于仔兔捕捉奶头。同时由于乳头周围的被毛拉掉，减少了仔兔误将母兔被毛吸入口腔的机会，降低了发病率（母兔腹部被毛表面有很多病菌），对于提高仔兔睡眠期的成活率有很大作用。但是，有些初产母兔不会拉毛做窝，应诱导它。即产后将其轻轻保定，腹部向上，用手将其乳头周围的毛一小撮一小撮地拔掉，放在产箱内作为仔兔的"被子"盖在上面，这样可诱导母兔自行拔毛。而对于经过两次以上诱导仍然不会拉毛的母兔，说明其为遗传性母性不良，如果其产仔数和泌乳力均表现不佳，应予以淘汰。

母兔临产时一定要保持环境安静。多数母兔在夜间产仔，以黎明产仔最多。但是白天产仔的母兔也为数不少。特别是随着人工驯化程度的提高和长期在人工环境下生活，白天产仔的比例越来越多。如果在白天产仔，应以物体遮挡窗户,或在母兔笼子上面盖一条麻袋,防止强烈的日光照射母兔。母兔产仔一般均较顺利,无须人来照顾,15～30分钟产完。母性强的一边产仔一边舔净仔兔身上的羊水、吃掉胎衣和胎盘,一边给仔兔喂奶。但是,由于母兔在产仔期间流失的水分较多,腹空口黏,急需喝水。应提前给其准备一些麸皮淡盐水、红糖水或普通的井水。否则,母兔得不到水喝,有可能将仔兔吃掉。母兔产完后,可将产箱取出,换掉被血水羊水污染的垫草,清点仔兔数和检查其健康状况,清除死胎,做好记录。然后放入母兔笼内,让母兔自己照顾自己的仔兔。

(三)泌乳母兔的饲养管理

母兔产仔后至仔兔断奶这段时间称为母兔的泌乳期。母兔的泌乳伴随着产仔而开始,其泌乳量随着产后时间的增加而增加,至3周左右达到泌乳高峰,随后缓慢下降。泌乳力高的母兔乳腺分泌可持续7周左右,但是,一般母兔4周以后泌乳量就显著降低了。饲养管理工作也应根据其泌乳规律而适当调整。母兔的泌乳期营养消耗很多。一般来说,母兔的日泌乳量60～180毫升,高者可达到250毫升以上,如以平均泌乳量120毫升计算,30天的泌乳期可分泌乳汁3 600毫升,其中干物质1 022.4克,高质量的蛋白质374.4克,脂肪431.8克,乳糖64.8克,矿物质72克(以上几种物质的含量分别为28.4%,10.4%,11.2%,1.8%和2%)。其中蛋白质和脂肪的含量为牛奶和羊奶的3倍多。这些营养物质均为饲料营养的转化而来。因此,加强泌乳母兔的饲养管理对于仔兔生长发育和成活率是至关重要的。

1. 泌乳母兔的饲养

(1)提高饲料蛋白质含量　由于母兔泌乳期营养需求较

多,饲料配方应做相应调整,将蛋白质提高到17%以上。实践证明,饲料蛋白质含量在18%以内,母兔的泌乳量随着蛋白质含量的提高而增加。如果蛋白质不足,将严重影响母兔的泌乳力和仔兔的发育及成活率。笔者试验,以含粗蛋白质14%、16%和18%三种饲料饲喂新西兰泌乳母兔,仔兔30天平均断奶体重分别为410克、508克和615克,断奶成活率分别为82%、89%和93%。

(2)必需氨基酸的含量和比例　獭兔是单胃草食家畜,其盲肠微生物虽然可以合成必需氨基酸,并通过食粪被獭兔摄入,但是其数量是有限的,仅靠这些远远不能满足泌乳母兔对于必需氨基酸的需要。因此,提高饲料蛋白质质量显得尤为重要。按照营养需要,母兔在泌乳期饲料中含硫氨基酸(蛋氨酸+胱氨酸)和赖氨酸的含量分别达到0.7%和0.9%,而含硫氨基酸最容易缺乏。适当搭配一些含硫氨基酸丰富的饲料(如鱼粉、芝麻饼等),或在以常规饲料配合的日粮中另外补加蛋氨酸0.1%～0.2%,母兔的泌乳力会大幅度提高。这样饲料的价格虽然有所提高,但是由于提高了母兔的泌乳力,仔兔的断奶体重和断奶成活率相应提高,经济上是绝对合算的。

(3)维生素及维生素饲料的补加　母兔泌乳力的提高依赖于营养的提供、乳腺功能和内分泌系统的调节,而维生素在其中起到其他营养所不可替代的作用。獭兔需要的维生素种类很多,但维生素A和维生素E的作用更为重要。为了提高泌乳力,应额外补加一定量的维生素A和维生素E,使每千克饲料中含量分别达到10000单位和40毫克以上。

(4)矿物质的补充　包括常量矿物质和微量元素。前者主要是钙、磷和食盐,后者包括铁、铜、锌、锰、硒、钴和碘等,它们对保证母兔正常的泌乳功能的作用也是不可低估的。

(5) 自由采食　不少的兔场仔兔发育不良。据笔者研究，不在于饲料搭配，也不是母兔母性和泌乳力有问题，而是母兔的绝对采食量不足所至。他们对待泌乳母兔如其他獭兔一样，一日三次料，每次一小勺，不管饱不饱，喂完就算了。由于合成乳汁的原料不足，泌乳量低是可想而知的。母兔在泌乳期，除了产后前几天以外，应采取自由采食，只有吃得多，才能奶水多。

(6) 自由饮水　母兔的乳汁绝大多数是水分，母兔的需水量是很大的，每天饮水量在 1~2 升，为采食量的 3~5 倍。没有充足的清洁饮水供应，就不可能有足够的奶水分泌，其他营养再高也替代不了水的作用。必须强调母兔泌乳期自由饮水。

2. 母兔泌乳期的管理　母兔在泌乳期对于环境变化的敏感性很强，稍微的工作疏忽，均有可能影响其泌乳功能。

(1) 提供舒适的环境　做到安静、清洁、干燥和温暖。在泌乳期间，尤其是正在给仔兔喂奶时，任何的应激因素，都可产生不良后果。特别是噪声、动物的闯入、陌生人的接近、无故搬动产箱和拨动其仔兔等应尽量避免发生。

(2) 建立人兔亲和关系　獭兔和饲养员建立一种"友好"关系至关重要。尽管兔子不会说话，但对于经常与其接触的饲养人员是非常熟悉的，包括饲养员的衣服、长相、气味、动作、说话的声音和走路的节奏等。饲养人员的一举一动都对其产生影响。因此，在母兔泌乳期间，不可轻易更换饲养人员，应做到人员固定、笼位固定和饲养管理程序固定。尽管兔子对饲养员熟悉，但是在母兔喂奶期间也不可搬动产箱、捕捉母兔和拨弄小兔，更不可呵斥、打骂母兔。在母兔没有发情的时候，不可强行配种。以上"不友好"的行为都将引起母兔的

"不满"和"气愤",不仅使泌乳力立即降低,甚至造成拒绝喂奶,虐待仔兔等后果。

(3)母兔的调教 除了对于产前不拉毛的母兔在产后诱导拉毛以外,有的母兔不会哺喂仔兔。仔兔一吃奶,母兔就往外跑,其实母兔的奶水并不少。对此,可采取人工辅助哺乳的方法。即每天定时将母兔放在产箱里,一边抚摸其被毛,一边让仔兔吃奶,保定母兔不动,经过5~7天,母兔就可自行喂奶了。此外,对于有食仔恶癖的母兔,也可采取人工辅助哺乳,经过7天后一般均可将其调教过来。

(4)预防乳房炎 乳房炎是母兔泌乳期的最主要疾病,发病后轻则影响其泌乳力,重则全窝仔兔中毒而死亡(俗称黄尿症),更严重时母兔失去泌乳能力甚至死亡。对于乳房炎应引起高度重视。一般来说,患该病的多为高泌乳力的母兔。其发病有明显的时间性,即产后3周内发病率占整个发病率的80%,其中产后1周内又占到1/2以上。乳房炎与饲养管理有密切关系。主要原因有三:卫生不良、饲料过渡不当和机械损伤。卫生不良是说产箱、垫草和母兔的笼子,特别是踏板没有及时清洗消毒;饲料过渡不当是说母兔在产后最初5天内,应控制喂料,并逐步过渡到自由采食。因为母兔在妊娠后期胃肠受到快速发育的胎儿的挤压,功能不正常,产后不能马上恢复。此时仔兔吃奶量不大,如果产后立即大量饲喂或采取自由采食,不仅易使母兔伤食、患急性肠毒血症,还会使乳腺分泌过盛,乳汁过浓,仔兔吮吸不净,使乳汁在乳腺内蓄积,易感染葡萄球菌而发生乳房炎。应采取以下综合预防措施。

①控制精料 产后3天之内尽量饲喂少量的精料,喂以100~150克适口性好、易消化的饲料和部分青草即可,3~5天逐渐增加精料,5天以后可自由采食。

②投服药物　产后3天,每兔每天喂服一片复方新诺明,分两次投喂。

③乳头保护　产后用经过消毒的热毛巾按摩洗擦乳房,然后以兽用碘酊涂抹每个乳头,隔日一次,连续3次。这样,一方面预防母兔乳头的伤害,另一方面,使仔兔在哺乳时获得一定的碘,有预防球虫病的作用。

(5)母兔泌乳力的调控

①催奶方法　在保证营养的前提下,采取以下措施:饲喂具有催奶作用的饲草饲料,如蒲公英、苦荬菜、胡萝卜、生大麦芽等;蚯蚓用开水烫死,焙干或晒干,研末,添加在饲料中,每兔每天1条;豆浆200克,煮熟晾温,加入捣碎的大麦芽50克,红糖5克,混合饮喂,每日一次;芝麻一小撮,花生米10粒,食母生3~5片,捣烂后饲喂,每天一次;人用催乳片,每只母兔每天3~4片,连用3日;促排卵素2号或3号3~5微克,肌内或静脉注射,一次即可见效。

②收奶方法　减少或停喂精料,少喂青料,多喂干草;饮用2%~2.5%的冷盐水;干大麦芽50克,过锅炒黄后饲喂。

六、仔兔培育

(一)仔兔的生理特点

从出生到断奶的小兔称为仔兔。仔兔离开母体其生活环境发生了巨大的变化。首先,气体交换由胚胎期靠母体血液转变为自己以肺呼吸;第二,由母兔内近似无菌的环境进入无数病原微生物包围的外界环境;第三,由稳定适宜的母体内温度环境进入变化万千的自然世界。而且这些变化是突然的,不是渐变的;是剧烈的,不是温和的;是强制性的,而非选择性的。而仔兔此时处于先天发育不足状态,比如,体温调节功能不健全,裸体无毛,4天以后才能长出茸毛,其体温在相当大的程度上随气温的变化而变化;消化力弱,只能以母乳为食;适应性差,眼睛紧闭,两耳密封,12天开眼,7天后耳朵张开,抗病力弱,对于任何敌害无防御能力和躲避能力。但生长发育极快,相对增重是一生中最大的。一般而言,初生重50~60克,1周体重增加1倍,1个月可增加10倍,即达到500克左右。如果饲养管理条件好,母乳充足,体重还会有所增加。

从上面几点可知,仔兔生长发育速度快,本身多种功能发育并不完善,适应外界环境的能力极差,这种自身条件与快速发育之间的反差,决定了仔兔生理上的脆弱性,给饲养管理工作提出了更高的要求。也就是说,仔兔发育速度和成活率的高低,反映出饲养人员的管理水平。

(二)仔兔死亡的主要原因

据笔者调查,不同的兔场仔兔成活率相差悬殊,有的在95%以上,而有的还不足50%。死亡发生的时间以生后7天内占到50%以上。除了季节、品系、群体、胎次等的差别外,与饲养管理有很大关系。死亡的原因主要是:冻死、饥饿、鼠害、疾病(如黄尿症、大肠杆菌病等)、母兔伤害(残食、踏死等)和其他意外事故(如没有及时放产箱,将仔兔产在外面,吊奶等)。

(三)提高仔兔成活率的技术措施

1. 早吃、吃好初乳 初乳是指母兔产后3日内的乳汁。初乳与常乳相比,营养更丰富。其水分含量少,较黏稠,蛋白质含量高,富含磷脂、酶、激素、维生素和矿物质,特别是含有较多的镁盐,具有轻泻作用,可促进仔兔胎粪的排出。初乳中还含有较高浓度的抗体,虽然仔兔获得先天性免疫是通过胎盘而不依赖初乳,但是初乳对于提高仔兔抗病力起到非常重要的作用。实践证明,凡是早吃、多吃初乳的仔兔,生长发育速度就快,体质健壮,死亡率低。反之,生长速度慢,死亡率高。因此,产后应尽早让仔兔吃到初乳。产后6小时之内检查,如果还没有吃到初乳的,应强制人工辅助吃奶。检查的方法是:凡是吃到奶的仔兔,腹部膨胀,皮肤绷紧而发亮,透过腹壁可看到胃内白色的乳汁。吃饱奶的仔兔,安静休息,不动也无声音。而没有吃到初乳或没有吃好初乳的仔兔,腹部空瘪,胃内没有白色的乳汁或数量很少,仔兔到处乱爬,吱吱乱叫。人工辅助哺乳的办法是:将母兔轻轻放到产箱内,并保定好,让仔兔吮吸。如果母兔没有拔毛,可人工辅助将乳头周围的被毛拔掉,再用热毛巾按摩乳房。如果仔兔较弱,不能自行捕捉乳头,可人工将仔兔放在母兔乳头处,以母兔乳头摩擦仔兔嘴唇,以诱导仔兔开口吃奶。对于这样的仔兔,应连续几天人工辅助哺乳。

2. 调整哺乳仔兔 母兔一胎产仔兔数多寡不一,先天发育也不均匀。产仔多者十几个,甚至20多个,少则3～4个,甚至1～2个。绝大多数母兔仅有4对奶头,而母兔每天一般仅哺喂仔兔1次,每次喂奶的时间很短,为3～5分钟。也就是说,如果产仔数多于乳头数,则很可能多出的部分仔兔吃不上奶,特别是那些初生体重较小,体质较弱的仔兔,抢不到奶吃(家兔与猪不同,不固定奶头)。久而久之,那些在竞争中处于劣势的仔兔越来越弱,逐渐死亡。即便不死亡,发育缓慢,成为僵兔,将来降低商品价值,失去种用价值。如果母兔产多少仔兔就奶多少仔兔,对于产仔数较多的母兔而言,由于仔兔数超过其自身的哺育能力,仔兔发育会相差悬殊。而对于产仔数较少的母兔而言,由于其哺育力超过了产仔数,也是一种资源的浪费。应适当调整仔兔数,这对于提高仔兔成活率和保证仔兔发育的均匀是非常重要的。调整仔兔的方法有以下几种。

(1)寄养 将产仔数较多的母兔的部分仔兔让产仔数较少的母兔代养称为寄养。寄养时应选择:产期接近、产仔数少、性情温顺、泌乳力强、健康无病的母兔做保姆兔。为了防止同一品系的不同个体之间相互寄养发生血统混乱,最好选择不同品系(不同毛色)、个体之间的互相寄养。为了防止个别母兔对于所寄养仔兔的歧视和虐待,应让所寄养的仔兔与这窝小兔混在一起达一定时间(不少于半小时),使它们的气味相互影响和渗透,直至母兔闻不出来。也可用适量的碘酒、清凉油或大蒜汁涂在母兔鼻端,以混淆其嗅觉。有人主张将保姆兔的尿液涂在被寄养仔兔的身上,而后让母兔喂奶,这种方法是不科学的。因为母兔尿液的收集不方便,也很不卫生。这样做对于所寄养仔兔和其他仔兔都会带来不利的影响。

(2)主动弃仔 如果母兔产仔数很多,而同时又没有合适的母兔寄养,应果断采取抛弃部分仔兔的方法。有些人认为这种做法太可惜,舍不得白白扔掉活生生的仔兔,而采取全部保留的"人道主义"策略,其结果事与愿违。大量的调查表明,主动抛弃部分体重小、发育弱的仔兔,保留那些体大、健壮的仔兔,调整其数量与母兔的泌乳力相适应,这样仔兔的成活率提高,仔兔断乳体重增加,对于幼兔的发育也有利。反之,将全部仔兔保留,会使全窝仔兔发育很不整齐,大小悬殊,弱小的仔兔逐渐死亡。那些最终死亡的仔兔已经吃到一些乳汁,造成母乳的极大浪费,并且最终的仔兔成活率并不高。在主动弃仔时,如果想保留某种性别的仔兔(如果想作为商品兔以留公兔为宜,如果想扩大种群,以留母兔为好),可在此时做出选择。如果当地有生物制药厂,可将淘汰的仔兔出售给制药厂生产有关的疫苗。弃仔越早越好,越晚损失越大。

(3)"一分为二"哺乳　母兔产仔数较多(10只以上),当时又没有合适的保姆兔,而这只母兔的体质较好,泌乳力较高,可采取"一分为二"哺乳法。即将这窝仔兔按照体重大小分成两部分,分别放在两个不同的产箱里。每天定时将两部分仔兔拿到母兔窝里吃奶(人工辅助)。清早让体重较小的部分仔兔吃奶,而晚上让体大的部分仔兔哺乳。由于在正常情况下母兔每天只喂奶一次,而这样强迫母兔两次喂奶,体内营养消耗相当大。为此,应加强母兔的营养供应,仔兔应及早补料。采用这种方法,一只良好的母兔一胎可育仔16只左右,而且发育均匀。

(4)开小灶　生产中经常发现,在一窝中仔兔的初生重不一致,有的甚至相差悬殊,特别是一些大型品种这种现象更加严重,体小的可能仅40克左右,而体大的超过100克。若不进行人工调整会发生更严重的两极分化,体小的仔兔发育缓慢,甚至中途夭折。对于体小的仔兔采取"开小灶"的措施,不仅可加速它们的生长,而且在1~2周内可赶上体大的仔兔,使全窝发育一致。具体做法是:采取人工辅助定时哺乳法,在每次喂奶时,先让体小的仔兔吃奶,保证它们吃饱吃足,然后让体大的仔兔吃奶。也可以每天让体小的仔兔吃两次奶。当全窝仔兔大小均匀后,即可停止开小灶。

3. 保温防冻　由于仔兔先天性体温调节功能不健全,自身无抗御寒冷的条件,离开母体恒温的环境,不能马上适应外界气候。刚出生的仔兔最适宜的环境温度是35℃,以不低于33℃为宜。但是,生产中这样高的温度是很难达到的。因此,仔兔出生后保温防冻是管理工作的重点和难点。事实上,靠整体提高兔舍温度是不现实的,在经济上也是不可行的,对于大兔这样做也是不允许的。只能采取整体适温,局部高温的办法。即兔舍保持适宜的温度(以15℃以上为宜,冬季最低温度在5℃以上),产箱保持较高温度。在产箱的结构上狠下功夫。产箱的底部铺一层保温隔热材料(如泡沫塑料),产箱内放置吸湿性强、保温效果好、柔软、干燥的垫草。一般农村以压瘪切短的麦秸或稻草为原料。应将垫草整理成比较坚实的、中间低四周高、似锅底的形状,这样便于仔兔集中在一起而不容易爬出。只要仔兔靠拢在一起,就会减少热能的散失,增强保温效果。最后应将母兔从身上拉下的被毛盖在仔兔上面,好似棉被,起到保温隔热作用。在较寒冷的季节,应经常检查产箱状况,以便及时采取措施。

一些兔场采取"产仔间"的方法,即在兔场里单独准备一个保温性较好的房间,里面采取加温措施(如生煤火、红外灯保温伞、暖气等),使温度保持在最佳范围。将临产前的母兔放在产仔间里,产仔后可在里面养几天。如果产仔间笼位不足,可将产后的母兔立即放到原来的笼舍。在每个产箱的外表面上做一个标记牌,标明母兔号、产仔日期、产仔情况等。然后每天定时将母兔拿到产仔间或将产箱放到母兔笼舍里去哺乳。这种方法虽然麻烦了些,但减少了开支,提高了繁殖成活率。在较寒冷地区的家庭兔场具有较高的应用价值。

"口袋保温法"是一种新的保温技术。即以柔软、蓬松、保暖、透气的蓬松棉为材料,裁缝成口袋,其尺寸小于产箱。仔兔哺乳后,将其放入口袋内,将袋口扎紧或压住。每天定时哺乳时,将小兔放出。由于口袋有较好的保温效果、阻拦效果和一定的透气效果,仔兔在口袋内爬不出去。又由于口袋放在垫草上面,垫草整理成中间低,四周高的形状,小兔集中在中间,互相靠拢保暖。试验表明,只要兔舍内的温度在5℃以上,仔兔不会被冻死。如果舍内温度没有保证,可将产箱集中放置于较温暖的地方。

有时母兔将仔兔产在外面,如发现不及时,仔兔很快就被冻僵或冻死。遇到这种情况,不要马上把受冻的仔兔扔掉,可采取温水急救法。即将仔兔握在手里,放在40℃～42℃的温水里,露出头部(不可使其鼻子和嘴浸在水里)。如果仔兔受冻时间不长,这样很容易抢救过来。当仔兔发出吱吱叫声和四肢蹬动时,说明抢救成功,应马上将仔兔取出,用干毛巾擦干水分,放回原窝。

4. 预防兽害 仔兔在哺乳期间的主要兽害是鼠害,尤其是在睡眠期对仔兔的威胁很大。据调查,个别兔场鼠害造成仔兔死亡率占仔兔总死亡率的1/2以上,尤其是农村家庭兔场,兔笼和产仔箱无任何防鼠措施,常常被老鼠全窝咬死、吃掉或拉跑。

预防鼠害应采取主动灭鼠和被动防鼠相结合。前者是采取一定的措施将老鼠消灭,如设灭鼠器具、投放灭鼠药物等。应该指出的是,投放灭鼠药物一定要注意安全,防止獭兔误食。有人采取养猫灭鼠或驱鼠的方法,这样做是不可取的。一方面猫既吃老鼠也吃小兔,另一方面猫在兔舍里跑动和叫声对獭兔是一种应激,再就是猫的粪尿对于家兔饲料和饮水的污染会使家兔感染一些寄生虫病。所谓被动防鼠是说在无法杜绝老鼠的情况下,加强防范措施,特别是把产仔箱保管好,放置在老鼠无法涉及的地方。例如,用绳将产仔箱吊起来、放在较高的桌面上(桌子腿做成光滑的圆柱状,使老鼠无法爬上去)或用铁丝网制作特殊的罩子将产箱扣住等。

5. 预防疾病 仔兔在哺乳期主要的疾病是黄尿症、大肠杆菌病、巴氏杆菌病和脓毒败血症等,多发生在哺乳前期,以7天以内为主。黄尿症主要原因是母兔患了乳房炎,乳汁里有大量的葡萄球菌等病菌及其毒素,使小兔中毒。患兔四肢无力,昏睡,排出黄色水样便,发出腥臭气味,死亡率极高。预防仔兔黄尿症应从预防母兔乳房炎入手,正如前面所讲,产后3天每日饲喂1片复方新诺明,减少精料饲喂量,保持笼具卫生,保持踏板平整,无钉头毛刺等,防止机械性刺伤母兔乳房等。当仔兔发生黄尿症时,立即停止吃患病母兔的乳汁,往仔兔口腔滴注氯霉素眼药水或庆大霉素注射液,每次3~4滴,每日4次。对于轻症患兔2天即可抢救过来。

大肠杆菌病主要发生在产后5~7天和仔兔开食后,可使仔兔全窝死亡或零星死亡。其主要原因是笼具卫生不良,母兔乳房表面沾污很多粪便和大肠杆菌等病菌,当仔兔吃奶时病菌进入体内。由于仔兔的抗病力较低,不能抵抗大量病菌而发病死亡。预防该病应从抓卫生消毒做起,做到笼具干净,特别是踏板一定要注意保持卫生。因为母兔在休息时腹部及乳房直接与踏板接触,很容易沾染病菌。为了预防本病,可在仔兔哺乳前以蘸有消毒液的毛巾擦洗乳房,然后再用温水毛巾擦洗。还可在母兔乳头上涂些医用碘酊。

仔兔脓毒败血症是仔兔生后在体表皮下形成大小不一的脓包,少则1~2个,多的数十个。患病仔兔发育不良,多数夭折。即便个别仔兔幸免,此后发育极缓慢,失去种用价值和商品价值。发生此病的主要原因是由于垫草和产箱粗糙坚硬,有毛刺和不卫生等,使出生的仔兔皮肤被划破,感染葡萄球菌等病菌而发病。应有针对性地采取预防措施。

仔兔巴氏杆菌病主要为鼻炎型,是母兔直接传染所致。预防该病,应首先控制母兔发病。

6. 预防意外伤亡

(1) 食仔踏仔　母兔食仔多发生在产后1周以内,以产后3天以内为多。对于母兔食仔的原因有多种说法,如受惊、异味、缺水、乳房炎、营养缺乏和食仔癖等。笔者调查发现,吃仔的主要原因与母兔受到不同的应激有关。比如,剧烈的爆破声、动物的窜入和尖叫(特别是夜间老鼠的窜入)、环境的突变等。某兔场曾经发生过这样一件事情:那年家中孩子结婚,在喜庆之日大放鞭炮,忘记了分娩不久的十几只母兔。当天晚上检查时发现50%以上的母兔出现了吃仔现象,有的把仔兔踏死。此外,母兔的精神不安,采食异常,泌乳量急剧下降。当母兔受到惊吓之后,精神高度紧张,以至神经紊乱,处于本能保护自己的仔兔,匆忙跳进产箱用身体盖压仔兔,由于异常的动作很容易将仔兔压死、踏死,这种惊吓达到一定程度,就发生吃仔现象。这样的教训应该吸取。

(2) 吊奶　当母兔给仔兔喂奶时,由于某种原因,母兔突然跳出产箱,此时仔兔正在叼着奶头吃奶,被带出产箱外,此现象称为吊奶。引起吊奶的原因很多,哺乳时母兔受到惊吓是最主要的原因。当正在聚精会神地给仔兔喂奶时,受到某种惊吓(如爆破声、震动、老鼠窜动及尖叫等),母兔本能地往外逃窜,由于仔兔仍叼着奶头,被带出巢箱;另外一个原因是母兔乳汁不足,仔兔吃不饱,用力吮吸奶头,母兔感到疼痛而逃避;也有的认为与乳房炎有关。仔兔吊奶后被带到巢外,母兔没有将仔兔送回产箱的能力,如果不能及时发现,要么被冻死,要么从踏板间隙掉到下面,滚到粪尿沟中淹死。应针对以上原因采取相应的措施加以改善。

（3）自缚　如果产箱中使用的垫草为丝、线状物（如线头、布条、长毛兔的兔毛、羊毛等），仔兔在里面爬动时很容易将颈部缠住而越缠越紧，最终窒息而死。如果缠住的不是颈部而是腿部或其他部位，发现不及时，会造成局部血液循环障碍而致残或死亡。发生自缚现象虽然不多，但也应引起注意。

7. 及时补料　仔兔12天开眼，此后吃奶的次数与睡眠期发生很大的变化，即睡眠期吃奶是被动的，母兔什么时候喂奶就什么时间吃奶。而开眼后，仔兔非常活跃，眼睛可看到母兔，因此吃奶是主动的，什么时候饿了想吃奶就什么时候追着母兔吃奶。因此，开眼期又称为追乳期。仔兔的绝对生长越来越快，母兔泌乳高峰期虽然在3周左右，但此时奶水已经不能满足其营养要求。再之，开眼后正处于长牙期，牙床发痒，有啃食物体的要求。如果此时不补喂饲料，仔兔就会乱啃乱吃，很容易吃进大量的粪便及其他污浊物体而发生疾病。因此，及时补料和保持笼舍卫生是非常重要的。

（1）补料时间　仔兔开食的时间与母兔的泌乳量有关，凡是泌乳力强的，仔兔开食时间推迟，反之，母兔泌乳力低，仔兔开食就早。一般来说，仔兔16天以后就有啃舐的行为，补料一般在17～18天开始，最晚不晚于20天。

（2）补料种类　仔兔开食用什么饲料至关重要。有人以青草开食，认为兔子是草食动物，青草鲜嫩，营养高，适口性好，喂青草省事、方便、效果好，这是错误的。因为此时小兔的胃肠消化力弱，不能适应采食含粗纤维较多而营养价值较低和体积较大的饲料。也有人以单一的精料给仔兔开食，这样也是不科学的。单一的饲料，无论是玉米、麸皮、豆饼，还是其他，都不是全价性的，也就是说，这些饲料所含有的营养与仔兔所需要的营养不完全一致,有的甚至相差很大。开食以全价配合料为好。对开食要求是营养全面,价值高,适口性好,易消化。如果同时具有防病、助消化、促生长等功能更为理想。营养水平为消化能 12 兆焦/千克左右,粗蛋白质 20%～22%,粗纤维 6%～10%,应加入足够的维生素、微量元素、酶类等。

(3) 补料方法　一般有两种方法,其一是单间补食法,其二是随母补食法。

单间补料适于广大农村家庭兔场。即仔兔开眼后将母兔和仔兔分开饲养,在大兔笼设置一个隔离网,从隔离网的底部留出一个可开启和关闭的小闸门,将小兔放在小间里,与母兔只有一网之隔,互相能看到、听到、闻到,但平时不能接触。每天定时打开闸门将小兔放进母兔笼哺乳,哺乳结束再将仔兔抓到仔兔间里,并每天定时补料,在仔兔间设置专用补料槽。这样的好处有三:一是减少了小兔和母兔的接触时间,相应减少了感染一些疾病(如球虫病、肠炎等)的危险性;二是减少了仔兔追乳时间,使母兔得到充足的休息和体力恢复,同时母乳量也因母兔体质的增强而增加;三是根据仔兔和母兔的营养需要分别配制专用饲料,使仔兔得到充足合适的饲料,减少了母仔抢食现象,有利于仔兔的生长发育。

大型兔场由于管理数量大,每天定时哺乳和单独补料增加了工作量,故多采用随母补食法,即母仔同槽吃料,不单独给仔兔配料和投放料槽。这样要求母兔笼的饲槽要有一定数量的采食口或采食口要有一定的宽度,要投喂营养价值较高的统一饲料。否则,饲料槽采食口不足,小兔得不到应有的采食位点,或一个小兔进入料槽而影响所有的兔子采食,对于母兔和仔兔都是不利的。

(4) 补料次数　由于小兔的胃肠容积小,消化力弱,每次采食的饲料是很有限的,故应采取少食多餐的策略。开始每天投料 6 次,至断奶时减少到 5 次,即与幼兔喂料次数相吻合。由于小兔喜欢在料槽里玩耍和拉尿,不仅造成饲料的浪费,也容易诱发疾病,故在补料之后及时将料槽取出。对于大型兔场,饲喂颗粒饲料,在保证防止仔兔进入料槽的前提下也可减少补料次数。

(5)补料数量　仔兔采食量随着日龄和体重的增加而增加。一般在 18 天时,每兔每天 3～4 克即可,而在 30 天时采食量已经增加至 40～50 克。

8.适时断奶　虽然仔兔断奶没有一个统一的规定,但实践证明,过长的哺乳期无论对于仔兔,还是对于母兔都是无益的。一般来说,仔兔断奶时间在 30～35 天,实行血配时,28 天断奶。由于我国农村饲养条件有限,28 天以前断奶,对于仔兔断奶以后的发育及成活率都有一定的影响。断奶采取一次断奶法,无须分期分批。

衡量仔兔培育好坏的标准:一是成活率,应达到 90% 以上;二是断奶体重。对于獭兔来说,30 天断奶体重最低 400 克,较好 500 克,优良 600 克。体重越大,说明饲养技术越高,母兔质量越高,断乳后越容易饲养,成活率越高。

七、商品獭兔饲养管理

獭兔肥育与肉兔肥育不同。后者只要达到出栏体重标准即可,而獭兔肥育不仅要达到体重标准、皮张面积标准,更重要的是达到皮板成熟标准和被毛品质标准。生产中应掌握以下技术要点。

(一)饲养良种兔和杂交兔

商品獭兔皮的生产目前有三条途径:一是优良纯系直接肥育。即选育优良的兔群,繁殖出大量的优秀后代,生产高质量的皮张。二是系间杂交。目前我国饲养的獭兔主要有美系、德系和法系,据测定,美系獭兔的繁殖力最高,德系兔最低,法系兔居中。但从生长速度来看,德系兔的生长潜力最大。以美系獭兔为母本,以德系或法系为父本,进行经济杂交;或以美系獭兔为母本,先以法系獭兔为第一父本进行杂交,杂交一代的母兔,再与第二父本——德系兔进行杂交,三元杂交后代直接肥育。根据笔者掌握的资料,这两种方案效果均优于纯繁。三是饲养配套系。不过目前我国在獭兔方面还没有成功的配套系,一些科研单位和大专院校正在着手培育配套系。如果配套系培育成功,其效益会成倍增加。

(二)抓断奶体重

肥育速度的快慢在很大程度上取决于早期增重的快慢。即肥育期与哺乳期密切相关。凡是断奶体重大的仔兔,肥育期的增重就快,就容易抵抗断奶的应激。而断奶体重越小,断奶后越难养,肥育增重越慢。因此,要求仔兔30天断奶重500克以上。这就要求提高母兔的泌乳力、抓好仔兔的补料、调整仔兔体重和母兔的哺育仔兔数。

(三)过好断奶关

仔兔断奶后进入肥育期,环境和饲料的过渡很重要。如果处理不好,在断奶后2周左右可能大批发病、死亡,并造成增重缓慢,甚至停止生长或减重。断奶后最好原笼原窝饲养,即采取移母留仔法。若笼位紧张,需要改变笼子,同胞兄妹不可分开。肥育应实行小群笼养,切不可1兔1笼,或打破窝别和年龄,实行大群饲养。这样会使断奶仔兔产生孤独感、生疏感和恐惧感。断奶后1~2周内饲喂断奶前的饲料,以后逐渐过渡到肥育料。否则,突然改变饲料,2~3天可出现消化系统疾病。

(四)前促后控

獭兔的肥育期比肉兔时间长,因为不仅要求商品獭兔有一定的体重和皮板面积,还要求皮张质量,特别是遵循兔毛的脱换规律、要求被毛的密度和皮板的成熟度。如果仅仅考虑体重和皮板面积,一般在良好的饲养条件下3.5月龄可达到一级皮的面积,但皮板厚度、韧性和强度不足,生产皮张的利用价值低。因此,采取前促后控的肥育技术,即断奶到3月龄或3.5月龄,保证营养水平,采取自由采食,充分利用其早期生长发育速度快的特点,挖掘其生长的遗传潜力,多吃快长。此后适当控制,一般有两种控制方法,一是控质法,一是控量法。前者是控制饲料的质量,使其营养水平降低,如能量降低10%,蛋白质降低1~1.5个百分点,仍然采取自由采食;后者是控制喂料量,每天投喂相当于自由采食的80%~90%饲料,而饲养标准和饲料配方与前期相同。采取前促后控的肥育技术,可以节省饲料,降低饲养成本,而且使肥育兔皮张质量好,皮下不会有多余的脂肪和结缔组织。

(五)公兔去势

由于獭兔的性成熟在3~4月龄,而肥育出栏期在5月龄左右,后期群养肥育相互爬跨,影响采食和生长,不便于管理,可采取去势的方法。一般在 2.5～3 月龄进行。

(六)使用高科技产品

除了满足肥育兔在能量、蛋白、纤维等主要营养的需求外,应用一些高科技产品是必要的。如稀土添加剂具有提高增重和饲料利用率的功效;喹赛多有促进蛋白质合成及防病的作用;杆菌肽锌添加剂有降低发病率和提高肥育效果的作用;腐殖酸添加剂可提高家兔的生产性能;酶制剂可帮助消化,提高饲料的利用率;抗氧化剂不仅可防止饲料中一些维生素的氧化,也具有提高增重,改善肉品质的作用;维生素、微量元素及氨基酸添加剂的合理利用,对于提高肥育性能起到举足轻重的作用;微生态制剂有预防疾病,提高生产性能的作用;寡糖有帮助建立正常的微生物体系,抑制有害微生物的繁殖,降低腹泻病的效果等。

(七)环境控制

肥育效果的好坏,在很大程度上取决于环境控制。在这里主要说的是温度、湿度、密度、通风和光照等。温度过高或过低都是不利的,最好保持在 25℃左右。湿度过大容易患病,应保持环境干燥,湿度控制在 55%～65%。密度应根据温度及通风条件而定。在良好的条件下,每平方米笼底面积饲养肥育兔 16～18 只是完全可以的。但是由于我国农村多数养兔场的环境控制能力有限,过高的饲养密度会导致相互咬架,温度调节更加困难,因此,一般应控制在每平方米 14 只左右。通风不良,不仅不利于家兔的生长,而且容易患多种疾病。肥育兔饲养密度大,排泄量大,对通风的要求比较强烈,应满足其需要。光照对于獭兔的生长和繁殖有影响。根据国外的经验,肥育期实行弱光或黑暗,仅让兔子看到采食和饮水,有抑制性腺发育,促进生长,减少活动,避免咬斗,提高饲料利用率等多种作用。

(八)控制疾病

肥育期主要疾病是球虫病、腹泻和肠炎、呼吸道疾病(以巴氏杆菌病和波氏杆菌病为主)及兔瘟。球虫病是肥育期的主要疾病,全年均可发生,尤以6～8月份为甚。采取药物预防、加强饲养管理和搞好卫生工作相结合。腹泻和肠炎主要是在饲料的合理搭配,粗纤维的含量、搞好饮食卫生和环境卫生。预防呼吸道疾病一方面搞好兔舍的卫生和通风换气,加强饲养管理,另一方面在疾病的多发季节适时进行药物预防,并定期注射疫苗。兔瘟只有注射疫苗才可控制。小兔在35～40日龄每只皮下注射免疫灭活菌1毫升,60日龄加强免疫一次即可。

(九)适时出栏

出栏时间根据季节、体重和兔群表现而定。在正常情况下,5月龄体重达到2.5～3千克即可出栏。冬季气温低,耗能高,不必延长肥育期,只要达到出栏最低体重即可。

第七章 獭兔疾病防治标准化

一、环境控制标准

獭兔的疾病有百余种,但是,并非所有的疾病都是病原微生物引起,也并非所有的传染性疾病必须用疫苗控制。根据生产经验,导致獭兔疾病的绝大多数病原微生物属于条件致病菌,也就是说,多数疾病的发生与饲养管理有着密切的关系。控制獭兔疾病必须从管理入手。而管理首先是环境控制。预防疾病,首先应实现环境控制标准化。

獭兔环境的控制包括温度、湿度、密度、通风、光照、有害气体、灰尘和噪声等的控制。具体控制方法和指标参阅第三章。

二、环境消毒标准

(一)环境检测

环境消毒的依据是环境检测。应根据检测结果决定是否消毒和采用哪种消毒方法。

环境检测主要是兔舍内空气的检测、地面检测、踏板检测、饮水检测和饲料检测。

1. 空气检测 兔舍内空气中微生物的种类和数量,直接反映舍内卫生状况的好坏,同时也反映出舍内用具、饲料、饮水的污染情况,通过微生物分类,还能知道兔场已有疾病或可能发生疾病的种类,因为多数疾病都是通过空气和接触污染物传播的。微生物数量越少,说明卫生状况越好。

检测方法:首先制备好普通琼脂培养皿或血琼脂培养皿,每舍3~5个,大场可每区选1~2个兔舍进行检测。把培养皿分别置于兔舍中央和四角,笼养者可置于笼旁,打开盖放置3~5分钟,然后盖好收起。在37℃恒温箱中培养24~48小时。计算每个平皿的菌落数,求其平均值,算出空气含菌数量。有条件时,可进行分离培养,查明病原微生物存在情况,作为采取防疫措施的依据。

兔舍空气微生物检测应按月或按季度定期进行,认真记录分析检测数据,再结合生产成绩和疫病发生情况进行综合分析,找出本场卫生消毒工作的最佳模式。

2. 地面检测 兔舍内地面是微生物较多的区域。检测其微生物的种类和数量对于决定消毒方案具有重大意义。一般以无菌药棉在兔舍内的代表区域(一般五点取样,两个相对墙角的对角线即中央和四个对称)采样,进行恒温培养,监测病原微生物种类和数量。

(二)环境消毒

1. 地面、墙壁和顶棚的消毒

(1)清洗污物、粪便和尘埃 为了确保消毒效果,在消毒前必须用清水将地面、墙壁等处的粪便、污物冲洗干净,否则,即便用再好的消毒药进行消毒也将达不到预期的目的,因为这些污物中存在大量病原微生物,消毒药只能将其表面病原微生物杀死,而不能杀死污物内部的病原微生物。

(2)消毒方法 可用2%火碱溶液进行喷洒,也可用

0.1%百毒威、百毒杀等喷洒。对于空气和笼具也可用熏蒸法进行消毒,方法是每立方米用高锰酸钾2.5克,40%甲醛25毫升,加水12.5毫升混合即可进行熏蒸,关闭门窗24小时后,然后打开门窗进行通风。

2. 兔笼的消毒 兔笼的消毒分为带兔消毒和空兔笼消毒两种。

(1)带兔消毒 首先将笼中接粪板上的粪便清理掉,以及笼上的兔毛、尘埃和杂物清理干净,然后用消毒药进行喷洒消毒。用0.1%过氧乙酸或0.1%消毒威进行喷洒消毒,要喷至笼中挂小水珠即可,在带兔喷洒消毒时,为了减少对兔的应激反应,要和兔体保持80厘米以上的距离喷洒,消毒液水温也不要太低。

(2)空笼的消毒 在兔出栏后,要将空兔笼进行彻底的消毒才能装入下批小兔。首先将笼中粪便、尿垢等,用水彻底进行清洗、晾干,将挂在丝网上的兔毛用火焰喷灯焚烧掉,然后用2%火碱溶液进行喷洒。

(3)饮水器具和料槽的消毒 饮水器具和料槽的卫生状况可以直接影响到兔的健康,必须定期清洗、消毒。将饮水器具和料槽从笼中拆下,先用清水清洗干净,用0.1%高锰酸钾水溶液浸泡5~10分钟,为了增强消毒效果,可将溶液加温到40℃~50℃。

(4)产仔箱的消毒 为了防止仔兔皮炎、疥癣以及球虫等疾病的传播,凡在仔兔分窝后,必须将产仔箱进行消毒处理。将箱内垫草等杂物清理干净,用2%火碱溶液彻底喷洒,或用喷灯进行烧灼消毒。

3. 兔舍空气的消毒 空气消毒一方面是作为不同批次间或全群转出之后的消毒程序当中的最后一个环节,另一方面是在饲养过程中预防特定疾病(如呼吸道疾病、皮肤真菌病等)而采取的消毒措施。通过兔舍内的空气消毒,可抑制空气当中病原的传播,降低尘埃的水平,抑制空气中的内毒素对兔子造成的影响。

(1)空气消毒方法的选用

①喷雾器喷雾 用喷雾器或高压清洗机进行喷雾。这种方式产生的悬浮颗粒较大,喷湿能力较高,但在空气中悬浮的时间较短。喷雾适用于较小的房间或圈舍,以及灰尘严重的畜舍。可带兔进行。

②雾化机喷雾 亦称为冷雾。通过机械雾化机实现。这种方式产生的雾滴较小,喷雾更均匀,穿透力更强。气雾更适用于宽大、较高的兔舍。雾滴较小,悬浮时间长。这种方法也适于带兔消毒。

③熏蒸 将两种化学物质混合在一起,产生一种气雾状的消毒剂。这种方式实际上仅限于甲醛及相关产品。熏蒸只能用于空舍消毒。价格低廉,消毒彻底。主要的缺点是所用消毒剂会对健康构成明显的威胁。

④热雾喷雾 与雾化机喷雾类似,但需要将消毒剂加热,以便形成更小的蒸汽雾滴。这种雾滴非常小,悬浮时间最长,穿透能力最强。热雾均匀性好,对大型圈舍非常有效。但设备会产生较强的噪声,对兔群造成应激。

⑤火焰消毒 用火焰喷灯对兔舍内空气进行喷烧,可除掉悬浮在空气中的病原微生物及有机尘埃。其缺点是消毒不均匀,对兔子的应激较大。

⑥臭氧消毒 据李玉冰等(2007)报道,使用臭氧消毒机观察在不同作用时间对兔、鸡、鼠等带动物畜禽舍内空气中自然菌的杀菌效果。结果表明,随着臭氧消毒机开机时间(臭

氧浓度）的增加对空气细菌的杀灭率明显上升。开机 30 分钟后，臭氧浓度达到 21.4 毫克/米^3、18.4 毫克/米^3 和 25.6 毫克/米^3，对兔舍、鸡舍、鼠舍空气中自然菌的杀菌率分别为 100%、91% 和 90%。

（2）空气消毒剂的选用

①甲醛　用来进行熏蒸。价格低廉，效果明显。缺点是会对人、畜健康构成威胁。墙壁上的残留可保持数天时间。伤害作用具有累加性。由于它不能用于带动物消毒，只能空舍消毒。

②戊二醛　其效果和副作用与甲醛相似。惟一的区别是，这种消毒剂没有刺激性气味，这一点使它比甲醛更危险。因此，也只能适于空舍消毒。

③含氯消毒剂和过氧化物类消毒剂　据谈智等人（2005）试验，选用次氯酸钠、二氧化氯、过氧化氢、过氧乙酸等 4 种化学消毒剂进行了实验室和现场空气消毒试验。结果，在气雾柜内喷雾染菌条件下，以 10 毫克/米^3 用量进行气溶胶喷雾消毒，分别以含有效氯 900 毫克/升次氯酸钠消毒液和 9 030 毫克/升过氧化氢溶液作用 15 分钟，可使气雾柜内空气中白色葡萄球菌下降率达到 99.9% 以上；分别以含过氧乙酸 2 770 毫克/升水溶液、喷雾量 8 毫升/米^3、作用 20 分钟，含二氧化氯 990 毫克/升水溶液、喷雾量 30 毫升/米^3、作用 10 分钟，亦可使气雾柜内空气中白色葡萄球菌下降率达到 99.9% 以上。现场试验证明，在上述用药量条件下作用 30～60 分钟，对室内空气中自然菌的消亡率达 90% 以上。

4. 粪沟的消毒　有人经常用大量的水冲刷粪沟，或用大量的药液喷洒粪沟，认为这样才是卫生。根据笔者研究，经常用水冲刷粪沟效果很不好。原因是增加了兔舍的湿度，为病原菌的繁殖创造了条件,同时浪费很多水。经常喷洒药物也不一定有多好的效果。因为粪沟就是承接粪尿的,无论怎样消毒也不可避免有一定的微生物。因此,一般情况下,如果不发生大批腹泻,没有必要经常往粪沟内喷药。平时保持粪沟内干燥最为重要。若经常往粪沟内喷洒微生态制剂,可起到除臭和抑制有害微生物的作用,比喷洒化学药物效果更好。但是若兔群发生消化道疾病,有必要交替使用化学药物或火焰喷灯进行粪沟消毒。

三、免疫程序标准

(一)免疫程序的制定要因地制宜

兔场免疫程序应根据每个地区或兔场主要传染性疾病的发生规律和特点,主要病原菌的类型、兔场使用疫苗的种类和抗体消长规律等,有针对性地制定。

1. 主要传染性疾病 目前,对我国獭兔养殖业威胁较严重而且可以用疫苗预防的主要传染性疾病有兔瘟(兔病毒性出血症)、A型魏氏梭菌病、大肠杆菌病、巴氏杆菌病和波氏杆菌病。

2. 兔场类型 兔场的性质不同,免疫程序也不一样。对于种兔场而言,免疫程序要尽量控制较多的疾病,而对于商品兔场来说,在保证安全的前提下,越简单越好;对于大型兔场,尤其是封闭式兔舍,环境质量控制困难,饲养密度较大,发生传染性疾病的危险性较大,因此,免疫程序较小型兔场,尤其是开放式养兔的家庭兔场要复杂一些。

3. 饲养条件和疾病流行特点 有些地区(兔场),多种传染性疾病频繁发生,而一些地区(兔场),很少发生大规模传染性疾病。因此,制定免疫程序要有所区别。根据笔者研究,除了兔瘟以外,獭兔的其他传染性疾病多与饲养管理有关。消化道疾病与饲料和饮水质量关系密切,呼吸道疾病与空气质量有很大关系,各种疾病都与小环境因素,尤其是湿度和卫生条件息息相关。因此,饲养管理条件不同,免疫程序有所区别。

4. 母源抗体 有的兔场免疫可靠及时,疫苗质量好,仔兔从母体获得较多的抗体,因此,其首免时间可适当延后。相反,应适当提前。

(二)不同规模兔场的免疫程序

为了便于读者参考,免疫程序的制定按照兔场性质分为小型兔场、规模型兔场和集约型兔场三种类型。

1. 小型兔场免疫程序 主要指家庭兔场,种母兔饲养量一般在 100 只以内,以开放式养殖方式为主,饲养密度较小,环境卫生指标较好(主要指空气质量、兔舍湿度和卫生状况等),可饲喂一定的粗饲料和青饲料,或颗粒饲料中的粗纤维含量较高,因此,发生消化道和呼吸道疾病的频率较低。该类型兔场主要控制兔瘟即可,其免疫程序见表 7-1。

表 7-1 小型兔场免疫程序

年 龄	疫苗种类	注射方法	剂 量	备 注
35~40 日龄	兔瘟灭活苗	颈部皮下	2 毫升	根据母源抗体和断奶时间决定首免时间,最晚不超过 40 日龄首免
55~60 日龄	兔瘟灭活苗	颈部皮下	1 毫升	加强免疫
成 年	兔瘟灭活苗	颈部皮下	1~2 毫升	每年注射 2~3 次

2. 规模型兔场免疫程序 主要指基础母兔 500 只以下的较大规模的兔场。相对小型兔场而言,饲养量较大,更主要的是环境卫生指标不如小型兔场容易控制,特别是发生呼吸道疾病的频率较高。因此,除了控制兔瘟以外,应将呼吸道疾病的防疫作为另一重点。其免疫程序见表 7-2。

表 7-2 规模型兔场免疫程序

年龄	疫苗种类	注射方法	剂量	备注
30~35日龄	巴氏-波氏二联苗	颈部皮下	2毫升	根据母源抗体和断奶时间决定首免时间,最晚不超过40日龄首免
35~40日龄	兔瘟灭活苗	颈部皮下	2毫升	
55~60日龄	兔瘟灭活苗	颈部皮下	1毫升	加强免疫
成 年	兔瘟灭活苗	颈部皮下	1~2毫升	每年注射2~3次

3. 集约型兔场免疫程序 该种类型的兔场不仅饲养量大,而且在种兔质量、管理方式和环境控制方面都与上述两种兔场有所不同。一般生产车间较大,饲养密度较高,全部使用全价颗粒饲料(商品饲料或本场生产)。一旦由于技术或管理的疏忽,发生消化道疾病的危险性增大。因此,其免疫程序在规模型兔场的基础上,酌情增加预防消化道疾病。其免疫程序见表 7-3。

表 7-3 集约化兔场免疫程序

年龄	疫苗种类	注射方法	剂量	备注
21日龄	大肠杆菌多价苗	皮下	1毫升	根据兔场该病的发生情况酌情免疫。发生严重的兔场,在首免20天后加强一次
30~35日龄	巴氏-波氏二联苗	皮下	2毫升	

续表 7-3

年 龄	疫苗种类	注射方法	剂 量	备 注
35~40日龄	兔瘟灭活苗	皮下	2毫升	根据母源抗体和断奶时间决定首免时间,最晚不超过40日龄首免
55~60日龄	兔瘟灭活苗	皮下	1毫升	加强免疫
成 年	兔瘟灭活苗	皮下	1~2毫升	每年注射2~3次
成 年	A型魏氏梭菌灭活苗	皮下	2毫升	每年注射2次

四、药物防治标准

随着经济的发展和科技的进步,人们保健意识和环保意识在不断增强,对动物药物使用慎之又慎。不仅发达国家是这样,发展中的国家对此非常重视。我国农业部第193号公告规定了21种食用动物禁用的兽药及其化合物清单(附录一),农业部、卫生部、国家药品监督管理局第176号公告,禁止在饲料和动物饮用水中使用的药物品种目录(附录二),以及农业部第560号公告(附录三)等,同时还规定了允许使用的抗菌药、抗寄生虫药及使用规定(表7-4),以此规范獭兔生产中的用药行为。

表 7-4 肉兔饲养允许使用的抗菌药、抗寄生虫药及使用规定

药品名称	作用与用途	用法与用量(用量以有效成分计)	休药期(天)
注射用氨苄西林钠	抗生素类药,用于治疗青霉素敏感的革兰氏阳性菌和革兰氏阴性菌感染	皮下注射,25毫克/千克体重,2次/天	不少于14天

续表 7-4

药品名称	作用与用途	用法与用量（用量以有效成分计）	休药期（天）
注射用盐酸土霉素	抗生素类药，用于革兰氏阳性、阴性细菌和支原体感染	肌内注射，15毫克/千克体重，2次/天	不少于14天
注射用硫酸链霉素	抗生素类药，用于革兰氏阴性细菌和结核杆菌感染	肌内注射，50毫克/千克体重，1次/天	不少于14天
硫酸庆大霉素注射液	抗生素类药，用于革兰氏阳性、阴性细菌感染	肌内注射，4毫克/千克体重，1次/天	不少于14天
硫酸新霉素可溶性粉	抗生素类药，用于革兰氏阴性菌所致的胃肠道感染。	饮水，200～800毫克/升	不少于14天
注射用硫酸庆大霉素	抗生素类药，用于败血症和泌尿道、呼吸道感染。	肌内注射，一次量15毫克/千克体重，2次/天	不少于14天
恩诺沙星注射液	抗菌药，用于防治兔的细菌性疾病。	肌内注射，一次量2.5毫克/千克体重，1次～2次/天，连用2～3天	不少于14天
替米考星注射液	抗菌药，用于兔呼吸道疾病。	皮下注射，一次量10毫克/千克体重	不少于14天
黄霉素预混剂	抗生素类药，用于促进兔生长	混饲，2～4克/1000千克饲料	0天
盐酸氯苯胍片	抗寄生虫药，用于预防兔球虫病。	内服，一次量，10～15毫克/千克体重	7天
拉沙洛西钠预混剂	抗生素类药，用于预防兔球虫病	混饲，113克/1000千克饲料	不少于14天

续表 7-4

药品名称	作用与用途	用法与用量(用量以有效成分计)	休药期(天)
伊维菌素注射液	抗生素类药,对线虫、昆虫和螨均有驱杀作用,用于治疗兔胃肠道各种寄生虫病和兔螨病	皮下注射,200～400微克/千克体重	28
地克珠利预混剂	抗寄生虫药,用于预防兔球虫病	混饲,2～5毫克/1000千克饲料	不少于14天
盐酸氯苯胍预混剂	抗寄生虫,用于预防兔球虫病	混饲,100～250克/1000千克饲料	7天

根据我国生产实际,特制定獭兔日常生产中预防疾病的用药标准,见表 7-5。

表 7-5 獭兔生产用药标准

生理阶段	疾病名称	药物种类	剂量及疗程	用药途径	备注
母兔产后	乳房炎	复方新诺明	0.25g/只/次,日两次,连3天	口服	根据母兔体重酌情药量
幼兔	球虫病	氯苯胍、盐霉素、莫能霉素、地克珠利、中草药等	按说明	拌料	停药期(7～14天)
幼兔、成兔	疥癣和体内线虫病	伊维菌素注射液	200～400微克/千克体重	皮下注射	商品兔停药期不低于28天
幼兔	肠炎	微生态制剂、中草药制剂、诺氟沙星(氟哌酸)	按说明 15～20毫克/千克体重/日,连3天	饮水或拌料	商品兔停药期不低于10天
幼兔、成兔	传染性鼻炎	恩诺沙星中草药制剂等	500～1000毫克/千克/体重,连3天按说明	饮水或拌料	商品兔停药期不低于10天

五、废弃物处理标准

兔场废弃物包括病死兔和粪尿等污物。这些废弃物均要进行无害化处理。

(一)病死兔的无害化处理

传染病病兔尸体尤其是恶性传染病病兔尸体是一种特殊的传播媒介,因此,对于病兔的尸体要及时准确的处理。

1. 尸体的搬运 做好参加搬运工作人员的防护工作,穿戴工作服、口罩、眼镜、胶鞋、手套等。运送车应当密封不漏水。装车前应当将尸体各天然孔用蘸有消毒液的棉花或纱布严密填塞,尸体着地的地方应将表土层铲掉运走,并用消毒液喷洒消毒。

2. 处理尸体的方法

(1)掩埋法 此法简单易行,但安全性较差。尸体掩埋时应注意以下问题。

①掩埋地的选择 掩埋地要选在远离住宅、农牧场、水源、草原及道路的偏僻地方,以沙质土壤最好;地势要高,地下水位低,并避开山洪的冲刷。

②挖坑 坑的长度和宽度以能容纳侧卧尸体即可,深度从坑缘到尸体表面不得少于 1.5～2 米。

③掩埋 掩埋时坑底要铺以 2～5 厘米厚的石灰,将尸体放入,使之侧卧,并将污染的土层和运尸时的有关污染物如垫草、绳索等一并放入坑中,然后再铺盖 2～5 厘米厚的石灰,填土夯实。

(2)焚尸法 尸体的焚烧是毁灭尸体最彻底有效的方法,

若经常采用,耗费较大,不够经济。焚烧的场所应当选择有畜尸焚烧设施的死畜处理厂或者不靠近住宅、饮用水、河流、道路及平时人、畜不接近的地方。焚烧的方法一般有十字坑法、单坑法、双层坑法。

①十字坑法 是按十字形挖两条坑,其长、宽、深分别为2.6米、0.6米、0.5米,在两坑交叉处堆放干草和干柴,坑缘横着架数条粗湿木棍,将尸体放在架上,在尸体的周围及上面放些木柴,并且在木柴上洒上柴油,用砖瓦压住,从下面点火,直到将尸体烧成黑炭为止,将它掩埋在坑内。

②单坑法 挖一条长、宽、深分别为2.5米、1.5米、0.7米的坑,将取出的土堆在坑缘的两侧。坑内用木柴架满,坑缘横架数条粗湿木棍,将尸体放在架上,以后处理同上法。

③双层坑法 先挖一条长、宽各2米、深0.75米的大沟,在沟的底部再挖一条长2米、宽1米、深0.75米的小沟,在小沟沟底铺以干草和木柴,两端各留出18~20厘米的空隙,以便吸入空气,在小沟沟缘横架数条粗湿木棍,将尸体放在架上,以后处理同上法。

焚烧后应将焚烧所剩的骨及骨灰必须埋于土中,焚烧的场所及其附近必须消毒。

(3) 化制法 化制法是处理尸体较好的方法,它不仅可对尸体做到无害化处理,并保留了许多有价值的畜产品。尸体化制时应在化制厂进行。化制厂应做到:对尸体做到最合理的加工利用,所出产品保证无病原菌;化制厂人员在工作中没有传染危险,化制厂不致成为周围地区发生传染病的疫源地;化制厂应建在远离住宅、农牧场、水源、草原及道路的偏僻地方,生产车间应为不透水的地面和墙壁,便于清洗消毒;生产中的污水应进行无害化处理,排水管避免漏水。

(4)发酵法 是将尸体抛入贝里卡氏坑中利用生物热的方法将尸体分解达到消毒的目的。贝里卡氏坑为圆井形,深9～10米,直径3米,坑壁及坑底用不透水材料做成,井口高出地面约30厘米,坑口有盖,盖上有小的活门,平时锁住,坑内有通气管。坑内尸体可以堆到距坑口1.5米处,经3～5个月后,尸体完全腐败分解,达到消毒灭菌的目的,挖出后可作肥料。

如果土质干硬,地下水位低,可以不用任何材料,直接按上述尺寸挖一深坑即可,然而须在距坑口1米处用砖或石头向上砌一层坑缘,上设木盖,坑口应高出地面30厘米,以免雨水流入。

(二)粪尿等污物的处理

粪尿等污物的及时处理,有利于保持兔舍的环境卫生,保证兔群的健康成长与发育。同时兔粪又是高效的有机肥料。据相关报道,1只成年兔每年可排粪约1000克,10只成年兔的粪肥相当于1头成年猪的积肥量。

1. 兔舍应建有完整的排污设施 包括粪尿沟、沉淀池、暗沟、关闭器、蓄粪池,能及时将兔舍内粪尿污水排出。最好建有沼气池,家兔粪尿可利用沼气池或沼气罐发酵产生再生能源——沼气。沼气发酵后的残留物无毒无臭味,是一种易被植物吸收的速效肥料,可分离成沼渣和沼液两部分。沼渣不仅含有丰富的植物所需的氮、磷、钾,而且含有较高的维生素和蛋白质,以及丰富的抗菌素,因此,可以作为种植业的优质肥料和畜禽饲料。沼液可作为植物肥料,用于水稻、果树追肥,效果非常好;栽培无土麦苗,使牛在冬季也能吃上新鲜的青饲料。沼液也可用于培养光合细菌,作为雏鸡的添加剂,有明显的促进生长发育作用,作为蛋鸡的饲料添加剂可提高产蛋率 70% 左右。粪尿污物经沼气池发酵处理后产生无公害的再生能源——沼气,以及形成良好的有机肥料。不仅有效控制了环境污染,而且还能提供能源,降低了生产成本。

2. 兔粪的开发利用

(1) 用作肥料　兔粪中含有丰富的氮、钾、磷,均能够被植物吸收利用,并且兔粪中也含有大量的尿素,另外粪中的蛋白质和一些没有消化的有机物质,经过腐熟后可以转变成氨或铵离子而被植物利用,因此兔的粪尿是很好的肥料来源。

兔粪的处理方法有两种:一种是把从兔舍中清理出来的粪尿、垫料等污物堆积在一起,稍加修整,再用泥土封闭,从而使里面的微生物大量繁殖、增温、腐熟;另一种方法是通过将每天清理出来的粪尿及污物堆积在固定的粪坑中,当粪坑堆满时,在上面用泥土覆盖严密,使其发酵,15~20 天后,便可以使用。

这种通过发酵腐熟后的兔粪,其中的有害微生物可被高温杀灭,不仅起到消毒的作用,同时还能减少氨的挥发,提高肥效。可以用作农业上优质的有机肥料,培肥土壤;而无土纯肉兔粪便进行发酵卫生处理,可制成有机—无机复合肥。

(2) 用作饲料　兔粪的营养含量丰富,尤其是软粪,含有丰富的蛋白质、维生素和碳水化合物。经过适当加工的兔粪可以部分的替代饲料中粗饲料,一般用量占到日粮的 20% 左右。

用作饲料的兔粪可以用人工干燥、氧化发酵和乳酸发酵来进行加工。人工干燥是利用高温或日光暴晒,使兔粪含水量下降到 10%~30%,这样不仅能够抑制各种病原微生物的活动,还能够使粪中的养分得到有效保护。氧化发酵就是利用需氧微生物产生发酵作用,从而达到抑制病原菌保持养分的目的。乳酸发酵是将兔粪和麸皮或米糠拌过以后加入少量的乳酸菌,密封产生热量从而抑制其他微生物的方法。根据笔者研究,厌氧发酵法效果最好。

第八章 獭兔产品质量标准化

一、商品兔出栏标准

獭兔不同于肉兔,只要达到出栏体重随时即可出栏和屠宰。由于獭兔以皮为主,而皮毛生长有其特殊的规律。出生仔兔裸体无毛,4 天后长出绒毛,约经过 1 个月左右被毛长成,到 3 月龄毛囊快速分化。此后逐渐进行被毛的脱换。大约在 5 月龄基本脱换完毕。因此,5 月龄之前,獭兔被毛尚未成熟,同时,皮板较薄,强度和韧性不足,其制品的耐磨性很差,商品价值降低。

因此,对于肥育的商品獭兔,适宜的出栏时间在 5～6 月龄,此时被毛脱换完毕,绒毛长齐,皮板成熟。体重一般在 2.75 千克以上,可达到一级皮张的面积要求。过早和过晚都将影响皮张质量和经济效益。

对于成年獭兔,也就是淘汰的种兔来说,出栏(淘汰)要依据季节而定。由于成年獭兔有季节性换毛规律,夏皮质量较差,冬皮质量好,售价高,因此,在冬季(11 月至翌年 2 月)出栏最好。

对于母兔而言,由于产仔期间拔掉了自身腹下的被毛,极大地影响其皮张的商品价值。因此,如果淘汰,应在其腹毛长齐后出栏。

二、商品兔屠宰取皮规范

一些兔场往往自己屠宰獭兔,实行肉皮分别出售,以获取更多的利润。而一些专门的屠宰厂也需对待宰獭兔进行事前的检查和处理。如果屠宰不当,会将优质的兔皮白白糟蹋,大大降低其商品价值。按照规范屠宰商品獭兔是极其重要的。应按照如下步骤进行。

(一)宰前准备

为了保证兔皮和兔肉的品质,对候宰兔必须做好宰前检查、宰前饲养和宰前断食等工作。

1. 宰前检查 候宰兔必须体况健康。做详细的临床检查,经诊断确属健康兔,方可进行宰前饲养。

2. 宰前饲养 候宰兔经兽医检疫人员检查后可按产地、强弱等情况分群、分栏饲养,饲料应以精料为主,青料为辅。宰前限制獭兔运动,以保证休息,解除运输途中产生的疲劳和刺激,提高产品质量。

3. 宰前断食 宰前断食8小时,只供给充足的饮水。

(二)处死方法

1. 颈部移位法 在农村分散饲养或家庭屠宰加工的情况下,最简单而有效的处死方法是颈部移位法。术者用左手抓住兔后肢,右手握住头部,将兔身拉直,使头部向后扭转,突然用力一拉,兔子因颈椎错位而致死。

2. 棒击法 用左手紧握兔的两后肢,使头部下垂,用木棒或铁棒猛击其延脑部,使其昏厥后屠宰剥皮。

3. 电麻法 用电压为 40～70 伏、电流为 0.75 安的电麻器轻压耳根部,使獭兔触电致死。此方法安全迅速,被杀兔子的痛苦小,对屠体没有不良影响,为规范屠宰场广泛采用的处死方法。

(三)剥皮技术

兔子处死后应立即剥皮。剥皮方法有以下两种。

1. 套剥法 先将家兔的一后肢倒挂,使头部朝下。然后将四肢中段的皮肤环形剪开切口,在阴部上方开一小口,再沿两后肢内侧中线将皮肤剪开,挑至两后肢跗关节处,再逐渐剥离腿部皮肤,自阴部上方剥开皮肤 3.3 厘米(1 寸)左右,翻转,使皮板朝外,毛朝内,然后两手握住皮板,均衡向下拉扯至头部,使皮肉分离。嘴部、眼部、耳部等天然孔要小心剥离,保持外形完整。用这种方法剥皮,兔毛不易粘在肉尸上。注意点:在剥皮退套时不要损伤毛皮,不要挑破腿肌或撕裂胸腹肌。

2. 平剥法 将家兔放在平台上,使腹部朝上,在四肢中段将皮肤环形剪开切口,然后在腹部开一小口,沿腹中线将皮肤纵向切开,逐渐剥离即可。

(四)放 血

为了防止兔皮受到污染,应先剥皮后放血。习惯上采用颈部放血法,即将剥皮后的兔体挂起,割断颈部的血管,放血时间为 3～4 分钟即可。如果放血时间短,放血不全,影响兔肉品质。放血充分的胴体,肉质鲜嫩,色泽美观,含水量少,容易贮存,熟制后腥味淡;放血不全则肉质发红,色暗,含水率高,不易贮存,熟制后味道不佳。

(五)胴体处理

处死、剥皮、放血后的胴体,立即剖腹净腔。先用利刀切开耻骨联合处,分离出泌尿生殖器官和直肠,然后沿腹中线切开腹腔,除保留肾脏外,取出全部内脏。在颈椎处割下兔头,在跗关节处割下下肢,在腕关节处割下前肢,在第1尾椎骨处割下尾巴。最后用清水洗净胴体上的血迹和污物,即可分割或整形包装、冷冻,贮藏,或直接销售。

三、原料皮初加工规范

刚从兔体上剥下的生皮叫鲜皮。鲜皮含有大量水分、蛋白质和脂肪,适宜各种微生物繁殖,如不及时进行加工处理,很有可能腐败变质,影响毛皮品质。

(一)清 理

清理刮脂,通常采用木制刮刀,将贴附在皮板上的油脂刮掉,以便于保存。清理中应注意:清理刮脂时应展平皮张,以免刮破皮板;刮脂时用力应均衡,不宜用力过猛,以免损伤皮板,切断毛根;刮脂应由臀部向头部顺序进行。

(二)防 腐

鲜皮防腐是毛皮初步加工的关键,防腐的目的在于使生皮形成一种不适于细菌孳生的环境。目前常用的防腐方法主要有干燥法、盐腌法和盐干法等3种。

1. 干燥法 即通过干燥使鲜皮中的含水量降至 12%~16%,以抑制细菌孳生,达到防腐的目的。钉板法、"∩"形架法和平晾法。

(1)钉板法　兔皮剥下后,用刀沿腹正中线割开筒皮(不能用剪刀剪,防止剪断被毛),修整掉不整齐的边角,刮去脂肪后就可上板。皮上板时,毛面向板,内面向外,用钉子钉住,先钉颈部再钉尾部,然后用手将皮向两侧伸展贴平再钉两侧的钉子,放在通风处晾干。

(2)"∩"形架法　将剥下的筒皮,肉面向外,套在"∩"形支撑架上(钢丝或竹板制作),放在通风处阴干。

(3)平晾法　将筒皮沿腹正中线切开后,按自然皮形,皮毛朝下,皮板朝上,贴在草席或木板上,用手铺平,呈长方形,放在不受日晒处晾干。但不要放在潮湿的地面上或草地上。

鲜皮干燥的最适温度为20℃～25℃,相对湿度60%～65%。待兔皮充分干燥后,将皮卸下即可。采用干燥法应严防雨淋和被露水浸湿,以免影响皮内水分蒸发速度。若干得过慢,就不能抑制细菌的有害作用,导致生皮变质。更不要放在烈日下直晒,因温度过高,干得过快,会使表层变硬,既影响内部水分蒸发,造成皮内干燥不均匀,也会使皮内层蛋白质发生胶化,脂肪溶化扩散到纤维间和肉面上,影响鞣制。干燥法的优点是方法简单,成本低、皮板洁净,便于运输。缺点是只适于干燥地区和干燥季节采用。若干燥不当,易使皮板受害。保管过程中易发生压裂或受昆虫侵害。

2. 盐腌法　应用较为普遍。比干燥法效果更可靠,不仅防腐力强,而且可避免兔皮粘结和断裂,运输、贮藏都方便。分干盐腌法和盐水腌法。

(1)干盐腌法　采用干细盐面处理生皮。进行较大规模处理时,用盐量约是生皮重的20%,有的还按用盐量添加1%～1.5%对氯二苯和2%～3%的萘。处理时将盐面和对氯二苯、萘的混合物撒在鲜皮肉面上,皮厚之处应多撒些,并尽量使皮展开。然后在该皮面上铺另1张生皮,作同样处理。堆成1米左右高的皮堆,经1周时间,兔皮内外盐液浓度即平衡。但夏季温度过高时不宜叠放,应改用干燥法处理。

(2) **盐水腌法** 将鲜皮肉面附着的肉、脂肪及结缔组织等去掉,然后浸入不低于25%的盐水中,盐水温度应保持15℃,经1昼夜取出,沥水2小时进行堆积,堆积时,再撒上相当于皮重25%的干盐。即利用食盐或盐水处理鲜皮,是防止生皮腐烂最普通、最可靠的方法之一。用盐量一般为皮重的30%～50%,将其均匀撒布于皮面,然后板面对板面堆叠1周左右,使盐溶液逐渐渗入皮内,达到防腐的目的。

腌法防腐的毛皮,皮板多呈灰色,紧实而富有弹性,湿度均匀,适宜长时间保存,不易遭受虫蚀。主要缺点是阴雨天容易回潮,用盐量较多,劳动强度较大。

3. 盐干法 这是盐腌和干燥两种防腐法的结合,即先盐腌后干燥,使原料皮中的水分含量降至20%以下。鲜皮经盐腌,在干燥过程中盐液逐渐浓缩,细菌活动受到抑制,达到防腐的目的。

盐干皮的优点是便于贮藏和运输,遇潮湿天气不易迅速回潮和腐烂;主要缺点是干燥时皮内有盐粒形成,可能降低原料皮的质量。

(三)鲜皮贮藏

生皮易吸潮、易腐、易变质。经防腐处理,晾干后的干皮,应及时检验皮张,按等级、毛色、大小分别毛对毛、板对板、头对头、尾对尾,叠置平放。每50张扎成1捆,装入木箱,并撒一定量的杀虫剂入库贮存。库房应干净、通风、干燥、隔热、防潮,如保管不当,一旦回潮、发热、发霉,皮板就会出现白色或绿褐色菌斑,局部变色,以至发紫发黑,板质受损坏。库房最适宜的相对湿度为50%~60%,温度最好维持在10℃左右,原皮中的含水量宜保持在12%左右。分级堆垛,淡干板与盐干板分开,垛与垛之间保持一定距离,以利于通风、散热和防潮。皮板上要撒上精萘粉、二氯化苯等防虫剂,还应注意防鼠和人为造成的兔皮破损。

生皮经脱脂、防腐处理后,虽然能耐贮藏,但若贮存保管不当,仍可能发生皮板变质、虫蚀等现象,降低原料皮的质量。因此,在贮存时要注意通风、隔热、防潮、防鼠、防蚁、防虫,应经常翻垛检查,一般每月检查2~3次,发现有潮湿、霉变或虫蛀鼠咬等现象,应及时处理。

四、獭兔皮等级标准

獭兔皮按照用途不同分为毛领路、服装路、编制路和褥子路四类;按照质量的高低分为特级、一级、二级、三级和等外五级,或 A、B、C、D 四级,或甲、乙、丙、等外四级。等级标准的制定对于指导獭兔生产和规范兔皮的收购行为具有重要意义。

1982 年我国商业部制定了兔皮质量标准,对獭兔皮及其他兔肉的商业分级标准和规格要求做出了明确规定(表 8-1)此后,畜产流通协会制定了我国獭兔皮行业标准(附录三)。个别企业也制定了企业标准(附录四)。几个标准各有侧重,对于从事獭兔养殖的广大养殖户以及从事兔皮流通人员均具有参考和指导作用。

表 8-1　獭兔皮及其他兔皮商业分级标准和规格要求

项　目	家兔皮(土种)	獭兔皮(纯种)	青紫蓝兔皮	山兔皮
甲级皮	毛绒丰厚而平顺,色泽光润,板质良好。全皮面积在 800 厘米^2 以上	板质足壮,绒毛丰厚平顺,毛色纯正,色泽光润,无旋毛(轻度旋毛降一级,严重旋毛降两级),无脱毛、油烧、烟熏、孔洞、破裂。面积在 1100 厘米^2 以上	等级规格可参考土种家兔皮的规格执行。面积规定在 990 厘米^2	毛细长,绒毛丰厚,面积在 770 厘米^2 以上
乙级皮	毛绒略薄而平顺,或色泽光润,或板质稍次于甲级皮,或具有甲级皮质量而面积在 700 厘米^2 以上者。	板质良好,绒毛略薄而平顺,毛色统一,无旋毛,或次要部位有轻微脱毛、油烧、烟熏、孔洞、破缝之一者。全面积需与甲级皮同,或具有甲级皮质量,面积在 935 厘米^2 以上者	等级规格可参考土种家兔皮的规格执行。面积规定在 825 厘米^2。	毛绒较空疏者;毛丰足而面积较小者;或具有甲级皮质量而带小伤残者
丙级皮	毛绒虽空疏而平顺;或色泽、毛绒、板质稍次于乙级皮者;或具有甲级皮质量而面积在 600 厘米^2 以上者	板质良好,绒毛稍空疏,边肋带有 1~2 处伤残,全皮面积与甲级皮同;或具有甲级皮质量,全皮面积须在 770 厘米^2 以上	等级规格可参考土种家兔皮的规格执行。面积规定在 660 厘米^2	
等级比差	甲级皮为 100%,乙级皮为 80%,丙级皮为 50%,等外皮为 25%	甲级皮为 100%,乙级皮为 80%,丙级皮为 50%,等外皮为 25%	甲级皮为 100%,乙级皮为 80%,丙级皮为 50%,等外皮为 25%	甲级皮为 100%,乙级皮为 60%,等外皮为 25%

五、兔肉质量标准

兔肉作为一种特殊商品,尤其是动物性食品,必须有严格的质量标准。我国于 2002 年制定并颁布了无公害食品——兔肉的标准,对于指导兔农养兔生产以及兔肉产品加工具有重大意义。同时,我国兔肉出口,不同进口国也有相应的质量标准。了解这些标准对于从业人员规范行业行为都是非常重要的。

(一)无公害兔肉质量标准

无公害兔肉的感官指标、理化指标和微生物指标标准,见表 8-2,表 8-3,表 8-4。

表 8-2 无公害兔肉感官指标

项 目	指 标
色泽	肌肉呈浅粉红色,有光泽,脂肪呈乳白色或淡黄色
组织状态	肌肉致密,有弹性,指压后凹陷立即恢复,表面微干,不粘手
气味	具有鲜兔肉固有气味,无异味
煮沸后肉汤	澄清透明,脂肪团聚于表面,具有兔肉的固有香味
肉眼可见异物	不得检出

表 8-3 无公害兔肉理化指标

项 目	指 标
挥发性盐基氮(毫克/100 克)	≤15
汞(以 Hg 计,毫克/千克)	≤0.05
铅(以 Pb 计,毫克/千克)	≤0.1

续表 8-3

项　　目	指标
砷(以 As 计,毫克/千克)	≤0.5
镉(以 Cd 计,毫克/千克)	≤0.1
铬(以 Cr 计,毫克/千克)	≤1.0
六六六(毫克/千克)	≤0.2
滴滴涕(毫克/千克)	≤0.2
敌百虫(毫克/千克)	≤0.1
金霉素(毫克/千克)	≤0.1
土霉素(毫克/千克)	≤0.1
四环素(毫克/千克)	≤0.1
氯霉素(毫克/千克)	不得检出
呋喃唑酮(毫克/千克)	不得检出
磺胺类(以磺胺类总计,毫克/千克)	≤0.1
氯羟吡啶(毫克/千克)	≤0.01

表 8-4　无公害兔肉微生物指标

项　　目		指标
菌落总数/(cfu/克)		5×10^5
大肠菌群/(MPN/100 克)		1×10^3
致病菌	沙门氏菌	不得检出
	志贺氏菌	不得检出
	金黄色葡萄球菌	不得检出
	溶血性链球菌	不得检出

(二)出口兔肉质量标准

1. 出口兔肉检测项目及判定标准

表8-5 出口兔肉重点检测项目一览表

项 目	样品	判定标准	方 法
细菌总数	肉样	<1000/克	GB/T 4789.2－2003 SN 0168－92
大肠杆菌	肉样	<100/克	GB 4789.6－2003 SN 0169－92
沙门氏菌	肉样	0/克	GB/T 4789.4－2003 SN 0170－92
金黄色葡萄球菌	肉样	<100/克	GB/T 4789.10－2003 SN 0172－92
单增李斯特菌	肉样	0/克	SN 0184－93
厌氧亚硫酸盐还原菌	肉样	<10/克	SN/T 1071－2002
六六六	肝脏	<300微克/千克	SN 0126－92
DDT	肝脏	<1000微克/千克	GB 5009.19－1996
氯霉素	肝脏或肉	不得检出	LC/MS(检测限为 0.3微克/千克)
硝基呋喃衍生物	肝脏或肉	不得检出	LC/MS/MS(检测限为 1.0微克/千克)
镉	肾脏或肉	<1000微克/千克	GB 5009.15－2003

注：由于欧盟检测项目都有所不同，根据欧盟近期主要关注的微生物和农兽药残留项目情况，建议暂时进行上述项目检测，可结合用药和欧盟法规进行调整

2. 进出口兔肉产地检验检疫 国家质量监督检验检疫总局进出口食品安全局针对出口兔肉国际市场的质量要求,制定了产地检验检疫的有关规定,这对于规范兔肉生产和产地的检验检疫具有重要作用。

(1) 抽样方法

①依据 SN/T 0418—95 进行微生物、疫病和农、兽药残检验:按相应检测方法要求进行。

②感官检验:每百箱为基数抽取 3 箱,不足百箱按百箱计。每增加 100 箱加抽 1 箱,1000 箱以上的所增部分按 5‰ 抽样。必要时进行缓化检验,缓化的数量视品质状况增减。抽验后的产品,要补足,无法补足的可并箱、甩箱。

③口岸查验:每 1000 箱之内按 3‰ 抽样,超过 1000 箱按所增数量 1‰ 查验。

(2) 抽样要求

①抽样工具和容器必须清洁、干燥、无异味,抽样时应避免样品被污染。

②由检验检疫人员负责抽样,抽样时应完整、准确填写《抽采样凭证》。

③需检测微生物的,应在采样后 6 小时内送检,冷冻品应保持良好的冷冻状态,并填写"实验室检测联系单",注明样品编号、检测项目、要求、采样日期、送样人等相关内容。

(3) 感官品质检验检疫 审查相关记录、检验产品加工卫生质量,重点是有无毛污、血污、杂质、风干及变质、异常现象,肉类制品要检验色、香味和形状,肉温是否符合要求,必要时进行挥发性盐基氮、蒸煮试验。

(4) 规格检验 检验是否符合合同或有关标准,箱内产品与箱外标志是否一致。

(5)重量、数量检验　按"进出口商品衡器鉴定办法"及有关规定检验。

(6)包装检验检疫　包装完整、牢固、符合卫生标准。包装箱(袋)标明的品名、数(重)量、生产企业名称、注册编号、批次号、生产日期、保质期、保存条件应符合输入国或者地区的要求。

(7)运输工具检验检疫　重点检查温控设施、温度、清洁卫生状况、密封效果、虫害污染、异味等。

(8)实验室检验检疫　按规定抽取的样品送实验室按照报检申请项目及我国和进口国强制安全卫生项目实施检验。

实验室应详细记录检验检疫数据和鉴定结果,并按时出具结果报告。

(9)检验检疫结果的判定

①根据我国法律法规及输入国或者地区官方有关疫病、农兽药残、重金属、放射性、微生物等要求判定安全健康卫生、标识等项目,依据对外贸易合同要求判定其他项目。

②经检验检疫符合规定要求的,放行出具证明。不合格的不准出口。

③检验检疫不合格的出口产品,由施检部门负责人签发"出境货物不合格通知单"。

④经检验检疫合格的出口产品,产地检验检疫机构签发检验检疫证书与换证凭单。口岸检验检疫机构凭产地检验检疫机构的换证凭单查验放行。

⑤检验检疫机构根据需要,可以按照有关规定对检验检疫合格的出口兔肉类产品,包装容器、运输工具等,加施检验检疫标志或者封识。

⑥非安全卫生等强制性检验检疫项目不合格的,允许经

过技术处理后重新报检。

⑦出口冷冻兔肉产品应当在生产加工后6个月内、冰鲜兔肉产品应当在生产加工后72小时内出境。输入国家或者地区政府另有要求的,按照其要求执行。

附 录

一、食用动物禁用兽药及其化合物

(农业部第 193 号公告)

1. β-兴奋剂类:克仑特罗、沙丁胺醇、西马特罗及其盐、酯及制剂,禁做所有用途,所有食品动物禁用。

2. 性激素类:乙烯雌酚及其盐、酯及制剂,禁做所有用途,所有食品动物禁用。

3. 具有雌激素样作用的物质:玉米赤霉醇、去甲雄三烯醇酮、醋酸甲孕酮及制剂,禁做所有用途,所有食品动物禁用。

4. 氯霉素及其盐、酯(包括琥珀氯霉素)及制剂,禁做所有用途,所有食品动物禁用。

5. 氨苯砜及制剂:禁做所有用途,所有食品动物禁用。

6. 硝基呋喃类:呋喃唑酮、呋喃它酮、呋喃苯烯酸钠及制剂,禁做所有用途,所有食品动物禁用。

7. 硝基化合物:硝基酚钠、硝呋烯腙及制剂,禁做所有用途,所有食品动物禁用。

8. 催眠、镇静类:安眠酮及制剂,禁做所有用途,所有食品动物禁用。

9. 林丹(丙体六六六):禁用做杀虫剂,所有食品动物禁用。

10. 毒杀芬(氯化烯):禁用做杀虫剂、清塘剂,所有食品动物禁用。

11. 双甲脒：禁做杀虫剂，水生食品动物禁用。

12. 酒石酸锑钾：禁做杀虫剂，所有食品动物禁用。

13. 锥虫胂胺：禁做杀虫剂，所有食品动物禁用。

14. 孔雀石绿：禁做抗菌、杀虫剂，所有食品动物禁用。

15. 五氯酚酸钠：禁做杀螺剂，所有食品动物禁用。

16. 各种汞制剂：包括氯化亚汞（甘汞）、硝酸亚汞、醋酸汞、吡啶基醋酸汞，禁做杀虫剂，所有食品动物禁用。

17. 性激素类：甲基睾丸酮、丙酸睾酮、苯丙酸诺龙、苯甲酸雌二醇及其盐、酯及制剂，禁做促生长用，所有食品动物禁用。

18. 催眠、镇静类：氯丙嗪、地西泮（安定）及其盐、酯及制剂，禁做促生长用，所有食品动物禁用。

19. 硝基咪唑类：甲硝唑、地美硝唑及其盐、酯及制剂，禁做促生长用，所有食品动物禁用。

2005年10月28日，农业部第560号公告又规定以下兽药禁止使用。β-兴奋剂类：沙丁胺醇及其盐、酯及制剂；硝基呋喃类：呋喃西林、呋喃妥因及其盐、酯及制剂；硝基咪唑类：替硝唑及其盐、酯及制剂；喹啉类：卡巴氧及其盐、酯及制剂；抗生素类：万古霉素及其盐、酯及制剂。

二、禁止在饲料和动物饮用水中使用的药物

（农业部、卫生部、国家药品监督管理局第176号公告）

一、肾上腺素受体激动剂

1. 盐酸克仑特罗：中华人民共和国药典（以下简称药典）2000年二部P605。β-2肾上腺素受体激动药。

2. 沙丁胺醇：药典2000年二部P 316。β-2肾上腺素受体激动药。

3. 硫酸沙丁胺醇：药典2000年二部P 870。β-2肾上腺素受体激动药。

4. 莱克多巴胺：一种β兴奋剂，美国食品和药物管理局（FDA）已批准，中国未批准。

5. 盐酸多巴胺：药典2000年二部P 591。多巴胺受体激动药。

6. 西马特罗：美国氰胺公司开发的产品，一种β兴奋剂，FDA未批准。

7. 硫酸特布他林：药典2000年二部P 890。β-2肾上腺素受体激动药。

二、性激素

8. 已烯雌酚：药典2000年二部P 42。雌激素类药。

9. 雌二醇：药典2000年二部P 1005。雌激素类药。

10. 戊酸雌二醇：药典2000年二部P 124。雌激素类药。

11. 苯甲酸雌二醇：药典2000年二部P 369。雌激素类药。中华人民共和国兽药典（以下简称兽药典）2000年版一部P 109。雌激素类药。用于发情不明显动物的催情及胎衣

滞留、死胎的排除。

12.氯烯雌醚:药典 2000 年二部 P 919。

13.炔诺醇:药典 2000 年二部 P 422。

14.炔诺醚:药典 2000 年二部 P 424。

15.醋酸氯地孕酮:药典 2000 年二部 P 1037。

16.左炔诺孕酮:药典 2000 年二部 P 107。

17.炔诺酮:药典 2000 年二部 P 420。

18.绒毛膜促性腺激素(绒促性素):药典 2000 年二部 P 534。促性腺激素药。兽药典 2000 年版一部 P 146。激素类药。用于性功能障碍、习惯性流产及卵巢囊肿等。

19.促卵泡生长激素(主要含卵泡刺激素 FSH 和黄体生成素 LH):药典 2000 年二部 P 321。促性腺激素类药。

三、蛋白同化激素

20.碘化酪蛋白:蛋白同化激素类,为甲状腺素的前驱物质,具有类似甲状腺素的生理作用。

21.苯丙酸诺龙及苯丙酸诺龙注射液:药典 2000 年二部 P 365。

四、精神药品

22.(盐酸)氯丙嗪:药典 2000 年二部 P 676,抗精神病药。兽药典 2000 年版一部 P 177,镇静药。用于强化麻醉以及使动物安静等。

23.盐酸异丙嗪:药典 2000 年二部 P 602,抗组胺药。兽药典 2000 年版一部 P 164,抗组胺药。用于变态反应性疾病,如荨麻疹、血清病等。

24.安定(地西泮):药典 2000 年二部 P 214,抗焦虑药、抗惊厥药。兽药典 2000 年版一部 P 61。镇静药、抗惊厥药。

25.苯巴比妥:药典 2000 年二部 P 362。镇静催眠药、抗惊厥药。兽药典 2000 年版一部 P 103。巴比妥类药。缓解脑炎、破伤风、士的宁中毒所致的惊厥。

26. 苯巴比妥钠。兽药典 2000 年版一部 P 105。巴比妥类药。缓解脑炎、破伤风、士的宁中毒所致的惊厥。

27. 巴比妥：兽药典 2000 年版一部 P 27。中枢抑制和增强解热镇痛。

28. 异戊巴比妥：药典 2000 年二部 P 252。催眠药、抗惊厥药。

29. 异戊巴比妥钠：兽药典 2000 年版一部 P 82。巴比妥类药。用于小动物的镇静、抗惊厥和麻醉。

30. 利血平：药典 2000 年二部 P 304。抗高血压药。

31. 艾司唑仑。

32. 甲丙氨脂。

33. 咪达唑仑。

34. 硝西泮。

35. 奥沙西泮。

36. 匹莫林。

37. 三唑仑。

38. 唑吡旦。

39. 其他国家管制的精神药品。

五、各种抗生素滤渣

40. 抗生素滤渣：该类物质是抗生素类产品生产过程中产生的"工业三废",因含有微量抗生素成分,在饲料和饲养过程中使用后对动物有一定的促生长作用。但对养殖业的危害很大,一是容易引起耐药性,二是由于未做安全性试验,存在各种安全隐患。

三、 国产獭兔皮行业标准

（中国畜产流通协会行业标准）

本标准是为适应我国獭兔皮（原名为克斯兔皮）的生产、经营，维护生产者、经营者以及使用者各方面的利益，结合我国獭兔皮生产、流通的实际而制定的。

1. 范　围　本标准规定了獭兔皮的技术要求、检验方法、检验规则、包装、标志、贮存、运输。

本标准适用于獭兔皮的初加工、收购和销售的质量检验。

2. 定　义　本标准采用下列定义。

2.1 绒毛丰厚 thick fur 绒毛稠密，手感丰满，光泽好，有弹性，毛面平整。

2.2 绒毛较丰厚 slight heavy fur 绒毛略见丰满，光泽较好，有弹性，毛面平整。

2.3 绒毛略稀疏 underwool slightly loose 绒毛稍显空疏，光泽较弱，毛面欠平整。

2.4 旋毛 curly 局部绒毛倒伏呈旋涡状。

2.5 老板皮 skin from old rabbit 老龄兔的皮，皮板厚硬，板面显粗糙，鞣制时不易鞣透而皮板发硬。

3. 技术要求

3.1 加工要求

3.1.1 宰剥适当，去掉头、尾和小腿。

3.1.2 沿腹部中线将皮剖开，刮净油脂、残肉，整形、展平、固定，呈长方形晾干。

3.2 质量要求

3.2.1 等级规格

3.2.1.1 特等:绒毛丰厚、平整、细洁、富有弹性,毛色纯正,光泽油润,无突出的针毛,无旋毛,无损伤;板质良好,厚薄适中,全皮面积在 1400 cm² 以上。

3.2.1.2 一等:绒毛丰厚、平整、细洁、富有弹性,毛色纯正,光泽油润,无突出的针毛,无旋毛,无损伤;板质良好,厚薄适中,全皮面积在 1200 cm² 以上。

3.2.1.3 二等:绒毛较丰富、平整、细洁、有油性,毛色较纯正,板质和面积与一等皮相同;或板质和面积与一等皮相同,在次要部位可带少量突出的针毛;或绒毛与板质与一等皮相同,全皮面积在 1000cm² 以上;或具有一等皮质量,在次要部位带有小的损伤。

3.2.1.4 三等:绒毛略稀疏,欠平整,板质和面积符合一等皮要求;或绒毛与板质符合一等皮要求,全皮面积为 800 cm² 以上;或绒毛与板质符合一等皮要求,在主要部位带小的损伤,或具有二等皮的质量,在次要部位带小的损伤。

3.2.2 等内皮的绒毛长度均应达到 1.3cm～2.2cm。色型之间无比差。

3.2.3 老板皮和不符合等内皮要求的,列为等外皮。

3.2.4 等级比差:特等为 140%;一等为 100%;二等为 70%;三等为 40%。

4. 检验方法

4.1 检验工具、设备与条件

4.1.1 工具:米尺。

4.1.2 设备:操作台。

4.1.3 检验场地:干燥、清洁、散射自然光线充足的房间。

4.2 操作方法

4.2.1 绒毛检验：将皮毛面朝上，平放于操作台上，用一只手捻住皮的尾部，用另一手捏住皮的颈部并上下抖动，观察绒毛的颜色、光泽、细洁、密度、毛面平整程度，有无伤残缺损等。然后用捏颈部皮板的手抚摸绒毛，感觉绒毛的密度、厚度、弹性程度以及用口吹绒毛，进一步检查绒毛的密度及伤残等。

4.2.2 绒毛长度检验：在皮的两侧中部适当部位，将绒毛拨开量其长度。

4.2.3 皮板检验：将皮翻转，板面朝上，观察皮形是否完整、有无伤损、油性大小、脂肪与残肉是否除净、板面的颜色等，手感皮板的厚薄、软硬等。

4.2.4 面积测量：用米尺自颈部中间到尾根量出全皮的长度，从能够代表全皮平均宽度的部位（一般为腰间适当部位）量出宽度，长度乘以宽度即为全皮面积。

5. 检验规则

5.1 抽样检验：5 件以下（含 5 件）逐张检验，6 件以上的部分随机抽验不少于 20%。

5.2 购销双方按本标准规定进行检验，检验误差为±5%。

5.3 如对检验结果出现异议，则对有异议的部分进行复验。如双方对复验的结果仍存异议，则需双方通过协商解决。

6. 包装、贮存、标志、运输

6.1 包装

按照等级将毛面对毛面，板面对板面地码摞，每 50 张用绳打成一捆。每 4 捆装于包装袋内为一件。

6.2 贮存

库房内存放。库房要清洁、干燥、通风、防虫、防鼠、防潮、防雨。

6.3 标志

每件包装上应挂牢已填写清楚的标签。

6.4 运输

运输工具要清洁,运输过程中要严防雨淋和暴晒。

四、獭兔皮企业标准

河北省天龙皮草有限责任公司獭兔皮标准(试行)

河北省天龙皮草有限公司,始建于1987年10月,地处"裘皮之都"的河北沧州肃宁中国尚村皮毛工业区,是一个集养殖、生产、加工、服装设计、出口贸易为一体的大型企业,下设肃宁龙威皮草有限公司、龙太养殖场、裘革服装研究所等多个分公司的综合实体。主要产品:裘皮、革皮系列服装;尼克服装;编织服装;各种裘皮制品等。经营:貂、狐狸、貉、獭(家)兔等各种皮毛的购销业务。该公司已经与美国、意大利、日本、韩国、俄罗斯、芬兰、丹麦、香港等十几个国家和地区建立了良好业务合作关系。为了规范企业收购加工獭兔皮行为,制定了獭兔皮企业标准。其指标较国家和行业标准比较,更加具体和可操作性,可供相关收购加工和养殖企业参考。

一、主要内容与适用范围

本标准规定了獭兔皮的技术要求、检验方法、检验规则、质量规格和贮藏、包装、运输。

本标准适用于獭兔皮的初加工、收购、销售与使用。

二、术　语

1. 被毛:皮板枪毛和绒毛的总称。

2. 皮质(绒面):绒毛的品质。指绒毛的长度、密度、颜色、平顺、光泽、长短、平、细、密、牢等综合品质。

3. 密度:指獭兔皮肤单位面积内生长的毛纤维根数,优良獭兔毛纤维密度为每平方厘米含毛量在1.6万~3.8万根。

4. 板质:皮板的品质。指皮板的厚度、颜色、韧性、弹性、油性等综合品质。

5. 枪毛:露出绒面的针毛。

6. 旋毛:指毛绒竖立不直,呈有旋涡形毛绒。

7. 尿黄:指在饲养时兔舍卫生不良、被尿液染黄的皮张。此皮在鞣制过程中很难去掉尿渍。

8. 鸡啄皮:指一张很好的皮,却有几处像被鸡啄掉了毛一样。大则 2 cm²,小则 0.5 cm²。

9. 龟盖皮:根据脱毛情况,背部或腹部出现绒短或绒长现象,称为龟盖皮。

10. 换季皮:换毛未换完的兔皮。指整张皮毛的密度不够或四边毛质的密度不够,还有的出现竖沟缺毛和波纹缺毛现象。

11. 产后皮:指产过仔的母兔皮。腹部尚未长好的或已经长不出毛质的皮张。

12. 亏寸皮:指达不到等级面积要求之外的小皮。

13. 霉腐皮:宰杀后没有及时做防腐处理,致使皮板纤维胶原组织受损,霉烂变质的皮张。

14. 油焦板:是指没有按要求在阴凉处晾干的做法,而是在阳光处暴晒,致使皮板脂肪泛出,皮张纤维受到破坏的皮。

15. 拉伸皮:指宰杀后对皮张的拉力、伸展过大,致使皮毛空疏纤维受到破坏。

16. 折痕皮:表面皮形成断裂条痕,有损皮质。

17. 水伤皮:鲜皮不及时加工,受闷后引起脱毛。

18. 黄板皮:鲜皮加工时连日阴雨,闷热,皮板纤维腐蚀而发黄,有异味,制裘时易脱毛。

19. 夏板皮:夏季宰杀的兔,皮板薄,毛绒稀疏。

20. 陈板皮:指隔年皮、贮存时间过长或不当,皮质枯燥,皮张枯黄。

21. **剺偏皮**：指后裆、嘴部开剖不正的皮。

22. **伤残**：影响毛质、板质的各种伤残或缺陷。

23. **软伤**：毛皮鞣制过程中伤残面积扩大者，如受闷脱毛腐烂，霉变，油烧板等。

24. **硬伤**：毛皮鞣制过程中伤残面积不扩大者。如刀伤、擦伤等。

25. **血板皮**：指病死或非宰杀致死，皮板出现染红色的淤血斑痕，皮质不好。

26. **透毛皮**：板面露出毛根，毛皮在鞣制过程中削匀过重引起。

27. **缠结皮**：指皮张局部毛绒缠结在一起，獭兔养殖过程中护理不当或毛皮在鞣制过程中去油不净，使毛绒形成团状。

28. **粘结皮**：指毛绒不能直立蓬松，粘在一起，毛皮在鞣制后清洗不够造成。

三、分 类

由于地区差异，造成各地生产的皮张质量不同，大体可分为北方，中原，南方三大区域。

1. **北方獭兔皮**：北方獭兔皮基本上以黄河为界，东北、西北、河北的北半部。张幅大，皮板肥壮，毛绒面厚平顺。

2. **南方獭兔皮**：南方獭兔皮产于浙江、江苏一带，毛绒平齐且较细，板质适中。

3. **中原獭兔皮**：中原獭兔皮产于四川，河南一带，张幅较小，毛绒平顺且较细，板质薄。

四、加工技术要求

1. **取皮时间**：一般在獭兔出生后5~6个月或2.5千克以上（在每年10月下旬至翌年4月底为最佳季节）屠宰取皮。如毛质不齐，可适当延长屠宰时间。

2.剥皮:倒挂沿后腿部开刀,挑裆要正,用退套的方式翻剥成为皮板朝外,头、腿、尾齐全,抽出尾骨,腿骨在活动关节处断开,四肢翻出外露。

3.劁皮:从肛门处沿腹部中线至嘴部直线劁开,四肢内侧劁开时不许偏斜。

4.晾晒:宰杀完毕不能及时制裘的,要展开进行晾晒风干,不准暴晒。

5.搓盐:对不能及时晾晒的鲜皮,要对皮板进行搓盐处理,盐粒不要太粗,搓揉要全面到位。

五、检验方法

1.检验工具、设备与条件

A.工具:米尺(直尺,皮尺)。

B.设备:操作台。

C.条件:在阳光不直射,自然光线充足的室内,将皮张展平放在操作台面,进行检验。

D.灯光:由40w日光灯管4支与台面平行架设,灯源与台面距离为70cm。

2.感官检验

A.光泽,毛色,弹性,旋毛,附着度的检验:毛朝上,左手捏住头部,右手捏住尾部,然后右手上下轻轻抖动皮毛,或将手指插入被毛内,感观检验。

B.鲜皮检验:用手插入皮筒,用力抖动使其绒毛朝外,双手提起,自上而下,用眼穿视毛绒表面,目测检验。

3.密度检验

用嘴逆方向吹被毛,兔毛呈旋涡状。如露出皮肤面积小于$44mm^2$(别针头大小)为特密,一般在3万根以上;如露出$844mm^2$(大约火柴头大小)为中密,一般在2万根左右;吹露面积不超过 1244mm² (约 3 个别针头大小)的为基本合格。

4.面积检验

毛面朝上,用直尺自颈部适当位置至尾根测量长度,从一侧边缘中间适当部位(横)直线量至另一侧边缘中间适当部位,测出宽度,长、宽相乘求出面积。

5.伤残面积检验

用尺量出(伤残的适当部位)伤残的长度、宽度,长、宽相乘求出面积。

六、检验规则 是指收购交接检验规则。

1.逐张检验:200 件(10000 张以下)内必须逐张检验。

2.批量检验:每 50 张为一小捆,每 4 小捆(200 张 1 袋)为 1 件。200 件以上为批量,随机抽验 20%。

3.检验误差:±5%

4.检验双方如有异议,对有异议部分进行复验。如双方仍有异议,则协商解决。

七、质量规格

1.品质等级表

表 8-1 獭兔皮及其他兔皮商业分级标准和规格要求

等级	品质要求	尺寸	密度	绒长
特级	正季节皮,皮形完整;绒面平齐,毛色纯正,光亮平滑,背腹一致;绒面毛长适中,有弹性;无枪毛、旋毛,密度大;板质良好;无伤残	1.7 平方尺以上	特密,每平方厘米 3 万根以上	1.6～1.8cm
A 级	正季节皮,皮形完整;绒面平齐,毛色纯正,光亮平滑,背腹基本一致;绒面毛长适中有弹性;板质好;无伤残	1.4 平方尺以上	中上,每平方厘米 3 万根以上	1.6～1.8cm

续附表

等级	品质要求	尺寸	密度	绒长
B级	正季节皮,皮形完整;绒面平齐,毛色略有差异光亮平滑,腹部绒面略有稀疏;板质良好;无伤残	1.0平方尺以上	适中,每平方厘米1万根以上	1.5～2.0cm
C级	正季节皮,皮形完整;毛绒略有不平,经剪毛加工后可用,腹部毛绒稀疏,板质较薄,有伤残(1cm以下的伤残不超过2个)	0.7平方尺以上	中下,每平方厘米1.6万根以上	1.5～2.2cm
等外品	不符合特级、A、B、C级以外的皮张,属于8～27序列以内的皮张			

注:①经过拉伸过的皮张鞣制后收缩率较大;②自然晒风干后皮张一般情况下不收缩

2.规格数据：

A.獭兔皮的被毛,最理想的是长度为1.6～1.8 cm,最短不能少于1.4 cm,最长不得超过2.2 cm,凡是超出该范围的都是退化品种。

B.獭兔的绒毛平均细度为16～19 μm,占90%以上,超过此值的为退化品种。

C.獭兔皮的密度指皮肤单位面积内生长的毛纤维根数,每平方厘米含毛量在1.6～3.8万根。

D.凡饲养重量在2.5 kg以上的獭兔,采皮后,基本上都能达到级别要求尺寸。

八、仓储保管及包装运输

1.专用仓库仓储保管

A.仓储条件:采用恒温,恒湿专用库,控制温度5℃～10℃,鲜皮0℃以下时间不宜超过30天,相对湿度小于65%。

B.保管要求

a. 鲜皮要搓盐,晾晒风干后入库,底层要与地面隔开 15 cm。上货架存放最高叠放不得超过 30 cm 高度。上下留有空隙,以便通风。

b. 库房要保持整洁,要有防虫、防鼠措施。

2. 包装运输

A. 包装

a. 干燥好的生皮,每 50 张为一小捆,每小捆为一件,纸箱或袋子包装。熟皮可散装托运,必须用纸箱包装并层层叠放。

b. 封箱要填写装箱单一式三份,一份放入箱内,一份贴在箱外,第三份留底备查。装箱单的内容包括箱号、级别、颜色和张数。

B. 运输

运输途中避免潮湿、高温和火种。

以上标准敬请专家、学者及会员审阅,并提出修改意见和建议,以便在业内试行推广。

金盾版图书,科学实用,通俗易懂,物美价廉,欢迎选购

奶牛饲养员培训教材	8.00	工艺及配方	8.00
奶牛挤奶员培训教材	8.00	农村能源实用技术	16.00
肉羊饲养员培训教材	9.00	太阳能利用技术	22.00
羊防疫员培训教材	9.00	农家沼气实用技术	
毛皮动物防疫员培训教材	9.00	(修订版)	17.00
毛皮动物饲养员培训教材	9.00	农村户用沼气系统维护管理技术手册	8.00
肉牛饲养员培训教材	8.00	农村能源开发富一乡·吉林省扶余县新万发镇	11.00
家兔饲养员培训教材	9.00	农家科学致富400法(第三次修订版)	40.00
家兔防疫员培训教材	9.00	农民致富金点子	8.00
淡水鱼繁殖工培训教材	9.00	科学种植致富100例	10.00
淡水鱼苗种培育工培训教材	9.00	科学养殖致富100例	11.00
池塘成鱼养殖工培训教材	9.00	农产品加工致富100题	23.00
家禽防疫员培训教材	7.00	粮食产品加工新技术与营销	17.00
家禽孵化工培训教材	8.00	农家小曲酒酿造实用技术	11.00
蛋鸡饲养员培训教材	7.00	优质肉牛屠宰加工技术	23.00
肉鸡饲养员培训教材	8.00	植物组织培养技术手册	20.00
蛋鸭饲养员培训教材	7.00	植物生长调节剂应用手册(第2版)	10.00
肉鸭饲养员培训教材	8.00	植物生长调节剂与施用方法	7.00
养蚕工培训教材	9.00		
养蜂工培训教材	9.00		
北方日光温室建造及配套设施	10.00		
保护地设施类型与建造	9.00		
现代农业实用节水技术	12.00	植物生长调节剂在蔬菜生产中的应用	9.00
自制根灌剂与吸水剂新			

书名	价格
植物生长调节剂在林果生产中的应用	10.00
怎样检验和识别农作物种子的质量	5.00
简明施肥技术手册	15.00
旱地农业实用技术	16.00
实用施肥技术（第2版）	7.00
测土配方与作物配方施肥技术	16.50
农作物良种选用200问	15.00
作物立体高效栽培技术	13.00
经济作物病虫害诊断与防治技术口诀	11.00
作物施肥技术与缺素症矫治	9.00
肥料使用技术手册	45.00
肥料施用100问	6.00
科学施肥（第二次修订版）	10.00
配方施肥与叶面施肥（修订版）	8.00
化肥科学使用指南（第二次修订版）	38.00
秸杆生物反应堆制作及使用	8.00
高效节水根灌栽培新技术	13.00
农田化学除草新技术（第2版）	17.00
农田杂草识别与防除原色图谱	32.00
保护地害虫天敌的生产与应用	9.50
教你用好杀虫剂	7.00
合理使用杀菌剂	10.00
农药使用技术手册	49.00
农药科学使用指南（第4版）	36.00
农药识别与施用方法（修订版）	10.00
常用通用名农药使用指南	27.00
植物化学保护与农药应用工艺	40.00
农药剂型与制剂及使用方法	18.00
简明农药使用技术手册	12.00
生物农药及使用技术	9.50
农机耕播作业技术问答	10.00
鼠害防治实用技术手册	16.00
白蚁及其综合治理	10.00
粮食与种子贮藏技术	10.00
北方旱地粮食作物优良品种及其使用	10.00
粮食作物病虫害诊断与防治技术口诀	14.00
麦类作物病虫害诊断与防治原色图谱	20.50
中国小麦产业化	29.00
小麦良种引种指导	9.50
小麦标准化生产技术	10.00
小麦科学施肥技术	9.00
优质小麦高效生产与综合利用	7.00

书名	价格
小麦病虫害及防治原色图册	15.00
小麦条锈病及其防治	10.00
大麦高产栽培	5.00
水稻栽培技术	7.50
水稻良种引种指导	23.00
水稻新型栽培技术	16.00
科学种稻新技术（第2版）	10.00
双季稻高效配套栽培技术	13.00
杂交稻高产高效益栽培	9.00
杂交水稻制种技术	14.00
提高水稻生产效益100问	8.00
超级稻栽培技术	9.00
超级稻品种配套栽培技术	15.00
水稻良种高产高效栽培	13.00
水稻旱育宽行增粒栽培技术	5.00
水稻病虫害诊断与防治原色图谱	23.00
水稻病虫害及防治原色图册	18.00
水稻主要病虫害防控关键技术解析	16.00
怎样提高玉米种植效益	10.00
玉米高产新技术（第二次修订版）	12.00
玉米高产高效栽培模式	16.00
玉米标准化生产技术	10.00
玉米良种引种指导	11.00
玉米超常早播及高产多收种植模式	6.00
玉米病虫草害防治手册	18.00
玉米病害诊断与防治（第2版）	12.00
玉米病虫害及防治原色图册	17.00
玉米大斑病小斑病及其防治	10.00
玉米抗逆减灾栽培	39.00
玉米科学施肥技术	8.00
玉米高粱谷子病虫害诊断与防治原色图谱	21.00
甜糯玉米栽培与加工	11.00
小杂粮良种引种指导	10.00
谷子优质高产新技术	6.00
大豆标准化生产技术	6.00
大豆栽培与病虫草害防治（修订版）	10.00
大豆除草剂使用技术	15.00
大豆病虫害及防治原色图册	13.00
大豆病虫草害防治技术	7.00
大豆病虫害诊断与防治原色图谱	12.50
怎样提高大豆种植效益	10.00
大豆胞囊线虫病及其防治	4.50
油菜科学施肥技术	10.00
豌豆优良品种与栽培技术	6.50
甘薯栽培技术（修订版）	6.50
甘薯综合加工新技术	5.50

书名	价格
甘薯生产关键技术100题	6.00
图说甘薯高效栽培关键技术	15.00
甘薯产业化经营	22.00
花生标准化生产技术	10.00
花生高产种植新技术(第3版)	15.00
花生高产栽培技术	5.00
彩色花生优质高产栽培技术	10.00
花生大豆油菜芝麻施肥技术	8.00
花生病虫草鼠害综合防治新技术	14.00
花生地膜覆盖高产栽培致富·吉林省白城市林海镇	8.00
黑芝麻种植与加工利用	11.00
油茶栽培及茶籽油制取	18.50
油菜芝麻良种引种指导	5.00
双低油菜新品种与栽培技术	13.00
蓖麻向日葵胡麻施肥技术	5.00
棉花高产优质栽培技术(第二次修订版)	10.00
棉花节本增效栽培技术	11.00
棉花良种引种指导(修订版)	15.00
特色棉高产优质栽培技术	11.00
图说棉花基质育苗移栽	12.00
怎样种好Bt抗虫棉	6.50
抗虫棉栽培管理技术	5.50
抗虫棉优良品种及栽培技术	13.00
棉花病虫害防治实用技术(第2版)	11.00
棉花病虫害综合防治技术	10.00
棉花病虫草害防治技术问答	15.00
棉花盲椿象及其防治	10.00
棉花黄萎病枯萎病及其防治	8.00
棉花病虫害诊断与防治原色图谱	22.00
棉花病虫害及防治原色图册	13.00
蔬菜植保员手册	76.00
寿光菜农种菜疑难问题解答	19.00

以上图书由全国各地新华书店经销。凡向本社邮购图书或音像制品,可通过邮局汇款,在汇单"附言"栏填写所购书目,邮购图书均可享受9折优惠。购书30元(按打折后实款计算)以上的免收邮挂费,购书不足30元的按邮局资费标准收取3元挂号费,邮寄费由我社承担。邮购地址:北京市丰台区晓月中路29号,邮政编码:100072,联系人:金友,电话:(010)83210681、83210682、83219215、83219217(传真)。